AF458711

INSTITUT DE FRANCE.

ACADÉMIE DES SCIENCES.

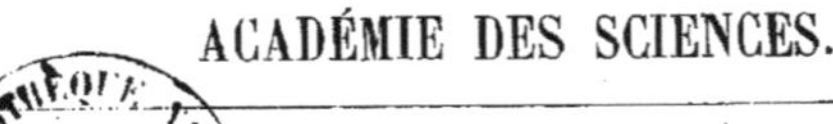

OBSERVATIONS

SUR

LE PHYLLOXERA

ET SUR

LES PARASITAIRES DE LA VIGNE.

ÉTUDE SUR LES PÉRONOSPORÉES;

PAR M. MAXIME CORNU.

II.

LE PERONOSPORA DES VIGNES.

PARIS,

GAUTHIER-VILLARS, IMPRIMEUR-LIBRAIRE

DE L'ÉCOLE POLYTECHNIQUE, DU BUREAU DES LONGITUDES,

SUCCESSEUR DE MALLET-BACHELIER,

Quai des Augustins, 55.

1882

OBSERVATIONS

SUR LE PHYLLOXERA

ET

SUR LES MALADIES DE LA VIGNE.

ÉTUDES SUR LES PÉRONOSPORÉES,

PAR M. MAXIME CORNU.

II.

LE PÉRONOSPORA DES VIGNES

[*Peronospora viticola* (Berk. et Curtis) de By.]

« *Caractères généraux de la maladie.* — La maladie nouvelle signalée dans les vignobles de France par M. J.-E. Planchon ([1]) est confondue par beaucoup de viticulteurs avec le résultat des variations atmosphériques; on la redoute encore relativement assez peu; un seul journal, *la Vigne américaine*, s'en est occupé très activement. Cependant cette affection doit être considérée comme grave.

» Elle a pour effet de déterminer le brunissement et la dessiccation des feuilles, parfois leur chute, de retarder ou d'empêcher la maturation du raisin. Cette altération apparaît dans le milieu du mois d'août et va en s'accroissant jusqu'aux froids; elle fait des progrès effrayants s'il y a des alternatives de pluie et de soleil. Les Américains lui ont donné le nom vulgaire de *Sun scald* (coup de soleil) (*Pl. II* et *III*).

([1]) *Comptes rendus*, séance du 6 octobre 1879, p. 600.

» La cause de cette maladie est un champignon parasite, le *Peronospora viticola* (Berk. et Curtis), qui forme des taches blanches à la face inférieure des feuilles (*Pl. I, fig.* 1 et 6); il se répand au loin par le moyen de ses spores nombreuses (conidies) et se conserve d'une année à l'autre en dehors de la plante par des spores dormantes (oospores) développées dans le tissu des organes attaqués (*Pl. IV, fig.* 7 et 8).

» Dès l'année 1873, j'avais signalé le danger de cette introduction, et depuis, à diverses reprises, j'y ai insisté ([1]); c'est aujourd'hui un fait accompli, et la situation actuelle nous crée de nouveaux devoirs.

» Le *Peronospora viticola* est pour toujours établi en Europe; on devra compter avec ce nouvel ennemi de nos vignes et tenter de le combattre.

» Il est déjà très généralisé; on l'a observé dès 1879 dans le midi de la France, à l'est et à l'ouest, de l'Hérault aux Charentes, et dans l'Italie centrale. En 1880, M. Planchon l'a retrouvé en Espagne (Barcelone). M. Pulliat l'a reconnu à Lyon, en Suisse, dans le Jura, dans les vignobles des bords du Rhin; il ne semblait pas s'être montré dans les environs de Paris avant 1881 et n'existait pas encore en Grèce, d'après mon ami M. Gennadius, inspecteur général de l'Agriculture de ce pays, ni dans la Sicile, qu'il a visitée pendant l'automne de l'année 1880, et où M. le professeur Macagno le lui a certifié ([2]).

» J'ai pu me rendre, pendant l'automne de l'année 1880, près de Bayonne, puis près de Perpignan, et y rencontrer des matériaux d'étude jusque dans les premiers jours du mois de décembre. Dans certaines localités, à Banyuls-sur-Mer, le champignon existait *sur tous les ceps* dans l'immense vignoble de cette région; à Saint-Jean-de-Luz, loin des grandes cultures, beaucoup de treilles et la plupart des lambrusques des haies étaient attaquées; la maladie est générale.

» Le *Peronospora viticola* sera dans peu de temps, peut-être l'an prochain, répandu sur toute la France, et il est encore presque inconnu dans les régions où il sévit.

([1]) *Recueil des Savants étrangers*, t. XXII, n° 6, p. 35-36; 1873. — *Comptes rendus*, séance du 23 juillet 1877; *ibid.*, séances des 18 novembre et 9 décembre 1878, etc., etc.

([2]) M. le Dr Macagno, Directeur de la station royale agricole de Palerme (Sicile), n'a pas tardé à le découvrir après le départ de M. Gennadius; il me l'a fait savoir par lettre, ultérieurement, ainsi qu'on le verra plus loin.

Le *Peronospora* s'est montré en Grèce pour la première fois au printemps de l'année 1881. (*Voir* la Lettre adressée par M. Gennadius à M. Dumas, *Comptes rendus*, 18 juillet 1881.)

» Deux courtes Notes ([1]), résumant mes recherches poursuivies en province, ont été publiées sur ce sujet; elles constituent le résumé d'une partie des points traités dans le présent travail.

LE PERONOSPORA VITICOLA EST D'ORIGINE AMÉRICAINE.

» *Opinion de quelques praticiens.* — Le *Peronospora viticola*, dont on commence à s'inquiéter aujourd'hui, est d'origine américaine.

» Dès les premières observations de la maladie qu'il détermine, on n'a pas hésité à reconnaître une affection nouvelle; mais déjà, après deux saisons, on commença à soutenir que des symptômes analogues ont été remarqués depuis de longues années en France; au nord de la Loire, le *Peronospora* était inconnu en 1880, avant les publications de M. Prillieux; on ne peut donc dire que cette affection ait existé de tout temps; il est curieux de constater qu'on a tenté d'établir une opinion pareille à propos du Phylloxéra; le fait est encore trop récent pour qu'on en ait perdu la mémoire.

» C'est par une confusion réelle avec d'autres maladies, trop vaguement décrites, qu'on peut commettre une semblable erreur; les caractères du *Peronospora* sont nets et précis, ils nous montrent d'une façon sûre qu'il est entièrement nouveau sur notre sol; on objecte la tradition des vignerons et des observations faites par les praticiens; on parle de maladies non signalées jusqu'ici, parce que les études ne portent que depuis peu sur ce sujet.

» C'est une grave erreur; les observations, dont on a regretté l'absence, ont été réellement faites et elles se continuent minutieusement à l'heure qu'il est. Un viticulteur distingué, M. Pulliat, croit pouvoir affirmer que la maladie est fort anciennement connue et n'est autre chose que le *melin* de l'Ouest, et il ajoute : « Le public aura à se prononcer entre le viticulteur » qui passe sa vie dans ses vignes et le savant qui visite à ses heures quel» ques petits coins de nos vignobles ([2]). » Il est facile de répondre à ces paroles.

» *Les études théoriques sont la base des recherches pratiques.* — Les botanistes, au cours de leurs recherches, étudient et décrivent tous les parasites

---

([1]) *Comptes rendus*, séances des 6 et 13 décembre 1880.

([2]) Analyse du Mémoire de M. Lespiault (*la Vigne américaine*, 5e année, n° 1, janvier 1881, p. 27).

des végétaux cultivés ou sauvages; quoique les végétaux cultivés aient une utilité bien plus grande pour nous que les autres plantes, ce ne sont pas eux qui, dans les Ouvrages de Botanique pure, attirent exclusivement l'attention; on pourrait même dire que c'est au contraire les études les plus inutiles en apparence qui soulèvent les problèmes les plus attachants de Science pure.

» Les Monographies et les Mémoires spéciaux s'occupent fréquemment de plantes n'ayant aucun intérêt usuel d'aucune sorte: les altérations en sont relatées avec autant de soin que s'il s'agissait de végétaux utiles. Ces derniers ne sont point négligés pour cela; leurs parasites sont bien connus; leurs maladies sont enregistrées; la cause en est indiquée lors même qu'elles sont bénignes. Les parasites qui attaquent les plantes sauvages (et plusieurs d'entre elles sont fort éprouvées) n'en sont pas moins bien connus et décrits.

» C'est par des recherches de cette nature, j'oserai dire *impartiales*, que la Science progresse réellement et peut donner des conclusions générales. C'est parmi les résultats obtenus ainsi que peuvent se trouver, très faciles à saisir et à énoncer, des remarques qui ne frappent point l'attention avec autant de netteté ailleurs.

» Les sciences physiques et mathématiques fournissent de nombreux exemples de faits analogues; les Sciences naturelles en présentent aussi. Pour nous restreindre aux cas les plus voisins de nous, on sait que M. Balbiani a trouvé dans l'étude purement théorique des Pucerons ordinaires, qui n'ont pour nous qu'un intérêt secondaire, un guide sûr pour ses études ultérieures sur le parasite de la vigne; c'est en outre sur les Phylloxeras du chêne, bien plus faciles à étudier que celui de la vigne, qu'il a pu indiquer rapidement et compléter le cycle du développement de cet insecte si polymorphe.

» L'étude des êtres qui paraissent inutiles n'est donc pas dépourvue d'intérêt et mérite l'estime au même titre que celle des autres êtres; cette étude est poursuivie avec une ardeur très grande et fait de grands pas chaque jour; la connaissance des êtres inférieurs est même aujourd'hui assez avancée pour que la découverte d'une espèce nouvelle soit un fait relativement assez rare; si le *Peronospora* n'a pas été trouvé avant l'année 1879, c'est qu'il n'existait pas.

» *Quel nom faut-il adopter pour la maladie nouvelle?* — Les botanistes ont, depuis quelques années, décrit les différentes espèces de *Peronospora* qui attaquent les plantes diverses; celle qui attaque la vigne a été distinguée il y a déjà assez longtemps par MM. Berkeley et Curtis ([1]), sans que l'attention ait été d'abord attirée sur les effets spéciaux de ce parasite.

» En Amérique, on la confondait alors, et beaucoup de praticiens la confondent encore avec l'*Oïdium;* en tout cas, on désigne les deux parasites sous le même nom, *Mildew,* c'est-à-dire *moisissure.*

» Jusqu'à ce jour on a désigné, en France, le *Peronospora viticola* sous le nom de *Mildew;* mais les publications américaines des viticulteurs praticiens englobent dans une même appellation les effets confondus de l'un et de l'autre; il faut donc ne pas leur emprunter sans examen les détails qu'ils donnent sur cette maladie, et s'abstenir également, sous peine d'entretenir une fâcheuse ambiguïté, d'employer le même nom; enfin on doit ne désigner notre maladie nouvelle que d'un nom précis : *Peronospora.*

» On ne peut sérieusement opposer ici l'opinion des vignerons sur une maladie ancienne et non scrupuleusement constatée, lorsque nous voyons les praticiens confondre sous le même nom deux affections aussi distinctes.

» M. Planchon a proposé le nom de *faux Oïdium;* mais pourquoi rattacher ainsi une maladie à l'autre? Ne vaut-il pas mieux adopter la transformation qu'on a acceptée pour le nom vulgaire de l'*Oïdium Tuckeri* Berk. et du *Phylloxera vastatrix* Planchon, et appeler le *Peronospora viticola* (Berk. et Curtis) *Peronospora,* comme on a appelé les deux autres *Oidium* et *Phylloxera.*

» Comment former l'adjectif qui dérive du nom de la maladie? dirons-nous d'une feuille atteinte du *faux Oïdium* qu'elle est *faussement oïdiée?* dira-t-on *mildewée* ou *mildiousée,* comme on l'a déjà écrit, ou même *mildewousée* ([2])? Toute difficulté cesse avec le nom de *Peronospora;* on adoptera les adjectifs *péronosporé, péronosporique,* comme on dit *phylloxéré, phylloxérique;* l'exactitude spécifique et la grammaire justifient cette appellation : c'est elle seule qui sera employée ici. L'adjectif *Péronosporées* pris substantivement est déjà employé depuis près de vingt ans pour désigner le groupe de champignon qui renferme les *Peronospora* et leurs alliés.

» *Les Péronosporées européennes ont été bien étudiées : le* PERONOSPORA VITICOLA *était signalé depuis longtemps.* — Je reprends la discussion relative à

([1]) *Fungi Caroliniani exsiccati,* Ravenel, 5e centurie, n° 90; cette espèce a été distribuée, sans être décrite, sous le nom de *Botrytis;* elle avait été recueillie par M. Ravenel en 1848 (d'après M. le Dr Farlow).

([2]) *La Vigne américaine,* numéro de septembre 1880, p. 286.

l'origine du Péronospora : celui qui a observé le premier en Angleterre et décrit l'Oïdium est M. le Rév. M.-J. Berkeley, aujourd'hui le doyen des cryptogamistes anglais; c'est lui encore qui a reconnu aussi le *Peronospora viticola;* il l'a nommé et décrit comme nouveau sur des échantillons recueillis en Amérique. Peut-on imaginer que cet éminent botaniste, qui a publié des Ouvrages très importants sur l'ensemble des champignons d'Angleterre, qui a décrit et nommé l'*Oïdium,* n'ait justement pas reconnu dans son propre pays, parmi les magnifiques cultures des serres à raisins, si elle y avait existé, l'une de ses propres espèces, si facile à caractériser? Elle n'y a point encore été signalée.

» Est-il possible d'admettre que, depuis lors, dans le grand nombre des auteurs qui se sont occupés des maladies de la vigne, aucun d'eux n'ait remarqué ce parasite? Parmi les principaux, on peut citer M. le baron von Thuemen en Autriche, M. le Dr Pirotta (¹) en Italie et tous les habiles cryptogamistes du laboratoire de Pavie, dirigé par l'éminent M. le professeur Santo Garovaglio, M. le baron Cesati, et feu M. de Notaris qui ont enrichi la Mycologie de si nombreuses observations; il faut admettre alors qu'ils ont laissé passer inaperçue une espèce aussi facile à remarquer. Peut-on croire que les viticulteurs de tous ces pays et du nôtre aient confondu avec l'Oïdium le Péronospora, qui résiste aux soufrages répétés, ou ne l'aient jamais observé? Ce Péronospora était bien connu de tous les botanistes; M. de Bary en a donné une description assez longue dans son Mémoire, où il s'est étendu beaucoup sur les Péronosporées (²), et il a indiqué les spores durables ou oospores. M. de Bary a recueilli et étudié un grand nombre de *Peronospora* et en a signalé de nouveaux; il a constaté que le *P. viticola* est exclusivement américain dans le passage suivant :

« *Habitat in America boreali, in* Vitis æstivalis *et* V. Labruscæ *foliis, ibique mensibus augusto et septembri abundat* (³). »

» Il ne l'a pas signalé en Europe. Un grand nombre de botanistes, en

---

(¹) M. le baron von Thuemen et M. le Dr Pirotta ont mentionné le Péronospora comme attaquant les vignes en Amérique; ils l'ont figuré tous les deux dans leurs Ouvrages :

Von Thuemen, *Die Pilze des Weinstokes* (Vienne, 1878);

Pirotta, *I funghi parasiti delle vitigni* (Milan, 1877).

(²) *Développement de quelques champignons parasites* (*Annales des Sciences naturelles, Botanique,* 4e série, t. XX, 1863).

(³) *Ibid.,* p. 125.

France, en Allemagne, en Autriche, en Suisse, en Italie, en Angleterre, ou les vignes des serres sont très attentivement surveillées pour l'Oïdium, ont cherché, recueilli, publié des Péronosporées : les exsiccata de MM. Cooke, Saccardo, ceux de Fuckel de Rabenhorst sont connus de tous les botanistes.

» J'ai étudié moi-même pendant plusieurs années les Péronosporées de France, dont une liste a pu ainsi plus tard être donnée (¹). Dès l'année 1872, j'avais été frappé du danger que l'introduction des cépages américains pouvait faire courir à la viticulture française, et dans le Mémoire qui résume les recherches exécutées pendant la seconde moitié de l'année, ce danger avait été particulièrement spécifié dans le passage suivant (²) :

« On doit cependant signaler un danger dans l'introduction trop précipitée des cépages américains, danger grave et redoutable et dont personne ne se préoccupe jusqu'ici. Les vignes américaines, les *Vitis Labrusca* et *æstivalis*, sont attaquées dans leur patrie, par un champignon parasite, le *Peronospora viticola*; il appartient au même genre que celui qui a, pendant plusieurs années, si gravement atteint la culture des pommes de terre....

» Les vignobles d'Amérique sont sujets à plusieurs sortes de maladies, mal décrites encore et mal connues, et différentes de celles qui attaquent les nôtres. La plus à craindre semble être le *Peronospora*, qu'on n'a pas encore pu combattre avec succès....

» Je me permets de signaler ce danger, dussé-je passer pour un pessimiste.... »

» A propos de l'anthracnose (³), comme toutes les fois que l'occasion s'en est offerte, j'y suis revenu de nouveau ; dans cette Note se trouvent rapportées les remarques de M. le Dr Farlow (⁴), qui a observé la présence du Péronospora sur les cépages européens (fait énoncé comme probable dans le Mémoire précédent), et la traduction est donnée d'un passage où l'auteur assimile l'introduction du Péronospora à celle du Phylloxéra.

» Une occasion particulière se présenta pour étudier un cas spécial du groupe des Péronosporées; une maladie grave qui attaque près de Paris depuis chaque année les cultures perfectionnées des laitues d'hiver a déterminé un groupe de maraîchers à se réunir en comité pour tenter de réussir à faire disparaître ce parasite redoutable. Dans deux Notes très courtes (⁵), résumé d'un Mémoire plus étendu, enfin publié aujourd'hui dans ce même Recueil, j'ai étudié la question moins pour elle-même que

---

(¹) *Énumération des Péronosporées de France* (*Bull. de la Soc. Bot. de France*, séance du 13 décembre 1878).

(²) *Recueil des Savants étrangers*, t. XXII, p. 35; 1873.

(³) *Maladie des vignobles narbonnais* (*Comptes rendus*, 23 juillet 1877).

(⁴) *Bulletin of the Bussey Institution*, march 1876, p. 415.

(⁵) *Maladie des laitues nommée* le Meunier (Peronospora gangliiformis *Berk.*) (*Comptes*

pour l'utiliser comme étude préparatoire; on peut lire dans la première de ces Notes :

« On sait que la maladie redoutable des pommes de terre et des tomates est due à un *Peronospora* (*P. infestans* Montagne) et que nos vignobles sont menacés d'un parasite semblable. J'ai à plusieurs reprises insisté sur ce danger.

» M. le Dr Wittmack a signalé récemment une espèce (*P. sparsa* Berk.) qui dévaste les cultures de rosiers près de Berlin, comme en plusieurs points de l'Angleterre. Une étude sur la maladie des laitues peut offrir un certain intérêt en attirant l'attention sur les moyens à employer dans la lutte et sur les altérations déterminées par ces parasites. »

» Les avertissements n'ont donc point manqué depuis 1873, et le délégué de l'Académie des Sciences, désigné tout d'abord pour s'occuper des altérations de la vigne, a accompli ce qu'il a cru être son devoir.

» Ce n'est donc pas par oubli que le *Peronospora viticola* a pu passer inaperçu pour celui qui avait le premier signalé le danger; ce n'est pas non plus par manque de préparation ou par faute de l'avoir cherché.

» Dans une *Énumération des Péronosporées de France* (1) se trouve encore reproduite la menace du *Peronospora viticola*. Ces Péronosporées ont été recueillies en divers points de notre pays, dans les montagnes ou en plaine; il y en a un nombre total de *quarante-trois* espèces.

» Plusieurs d'entre elles ont été observées au cours même de la mission confiée par l'Académie des Sciences :

« Tout en parcourant les champs et les vignes, occupé d'un sujet bien différent, j'ai pu quelquefois mettre inopinément la main sur une herbe occupée par un parasite, sur une Urédinée ou une Péronosporée. »

» Les feuilles des vignes ont été spécialement examinées avec un grand soin de 1872 à 1878 pour la recherche des galles phylloxériques, si rares sur les cépages européens et dont j'ai signalé des exemples le premier (2) depuis M. Planchon (en 1869). Plus tard, enfin, l'observation des Phylloxéras ailés sur les feuilles exigea un examen très attentif.

» C'est pendant ces longues stations dans les vignobles que fut remarqué plus d'une fois le *Cladosporium viticolum* Cés. (3), affection bénigne d'ail-

---

rendus, 18 novembre 1878). — *Maladies des plantes déterminées par les* Peronospora; *essai de traitement; application au Meunier des laitues* (*ibid.*, 9 décembre 1878).

(1) *Bulletin de la Société botanique de France*, séance du 13 décembre 1878.

(2) *Comptes rendus des séances de l'Académie des Sciences*, séance du 16 août 1875, p. 327.

(3) *L'anthracnose et le* Cladosporium viticolum (*Bulletin de la Société botanique de France*, séance du 25 octobre 1877).

leurs le plus souvent et qu'aucun viticulteur français ne m'avait signalée.

» Je suis donc en droit d'affirmer que si le *Peronospora viticola* avait existé d'une manière un peu générale dans le Midi, de l'Hérault aux Charentes, pendant les années 1872-1878, comme aujourd'hui, il ne m'aurait probablement pas échappé; je connaissais la plante pour en avoir vu des échantillons desséchés dans les herbiers du Muséum d'Histoire naturelle ([1]), pour en avoir reçu de mon ami M. le Dr Farlow et de mon ami M. le Dr M.-C. Cooke, auxquels je les avais spécialement demandés, et j'avais mis une sorte de point d'honneur à le chercher.

» Les lignes qui précèdent démontrent sans réplique que le *Peronospora viticola*, demeuré inconnu malgré les recherches des spécialistes, malgré les observations précises d'un grand nombre d'intéressés, est bien et dûment d'origine américaine, et son arrivée est récente sur notre sol.

» Cette conclusion est celle qu'admettent tous les auteurs italiens, notamment M. Pirotta, dont l'autorité sur ce sujet est indiscutable; c'est ce qui résulte également du travail de M. von Thuemen (*voir* plus loin).

BIBLIOGRAPHIE.

» 1° *Historique. Exsiccata. Description du champignon. Son apparition en Europe.* — Ce champignon fut, pour la première fois, recueilli, avant 1834, par Schweinitz, qui le considéra à tort comme le *Botrytis cana* Lk. ([2]).

([1]) Les herbiers du Muséum d'Histoire naturelle renferment plusieurs échantillons de *Peronospora viticola*; il y en a trois, étiquetés tous trois *Botrytis viticola* Berk. et Curtis.

L'un est dû à M. le Rév. M.-J. Berkeley, l'autre à M. Edm. Broome; tous deux proviennent de la Caroline du Sud; le troisième provient des récoltes de M. C.-J. Sprague, dans l'État de Massachusets; ils paraissent avoir été donnés et non acquis.

Le premier est constitué par une feuille à tomentum demeuré blanc; dans le second, le tomentum est roux, le Péronospora s'y distingue très bien; l'espèce de vigne n'a été mentionnée ni dans l'un ni dans l'autre cas. L'échantillon de M. Sprague est sur une feuille de *V. Labrusca* très fortement tachée.

Il y a en outre la collection Ravenel (*Fungi Caroliniani exsiccati*, fungi of Carolina illustrated by dried specimens; J.-W. Ravenel : Fasciculus V; Charleston, S. Carolina 1860), dont l'étiquette est la suivante (90 *Botrytis viticola* Berk. et Curtis! — Foliis vitis).

Le Muséum ne possède malheureusement pas les très utiles et très excellents *exsiccata* de M. le baron von Thuemen. (Le Péronospora a été publié dans le *Mycotheca universalis* sous le n° 617). Je n'ai point retrouvé le *Botrytis cana* dans les champignons de Schweinitz donnés par M. Ad. Brongniart, ni dans la même colletion (très altérée d'ailleurs et très incomplète) provenant de l'herbier de M. de Brébisson.

([2]) *Synopsis fung. Am. boreal.* 2663, n° 25.

» Dans la collection de Curtis, que possède aujourd'hui M. le Dr Farlow, il y a un échantillon de feuille de vigne étiqueté *B. cana*, et, comme il est dans un excellent état de conservation, la vérification a pu être faite; il n'y a pas de doute que ce ne soit le véritable *Botrytis viticola*.

» Cette espèce fut séparée et désignée sous le nom de *B. viticola* par Berkeley et Curtis; les échantillons avaient été recueillis en 1848; ils furent publiés sans description par Ravenel dans ses *Fungi Caroliniani exsiccati* (1).

» M. Caspary (2) cite cette espèce, et M. Sprague la mentionne aussi (3); mais c'est M. de Bary qui la décrit le premier (4) dans un admirable Mémoire dont il sera souvent question ici; il la signale comme une espèce remarquable. En voici la description : je la transcris en latin; elle est d'une extrême exactitude, quoique faite d'après des spécimens desséchés; on y reconnaîtra aisément une profonde connaissance des différences spécifiques :

« *P. viticola*. — Mycelii tubi crassi, sæpe constricti varicosique (haustoria non vidi). Stipites conidiferi fasciculatim e stomatibus emergentes, graciles, elati, summo apice parum attenuato brevissime semel bisve dichotomi vel trifurcati; sub apice ramos plerumque 4-6 (raro 3 vel 7) gerentes. Rami primarii plerumque alterni, distantes et exacte distichi, omnes pro stipitis altitudine breves; inferiores plerumque trifurcati, divisionibus iterum bis trifurcatis v. quandoque bis dichotomis; ramuli ultimi (quarti) ordinis, æque ac stipitis divisiones apicales, brevissime conico-subulati recti, acuti. Rami primarii superiores minores, inferiorum secundariis vel tertiariis conformes. Rami omnium ordinum angulis rectis patentes, primarii in uno plano divaricati, planum ramificationum secundi ordinis in primario, tertiorum in primario et secundario perpendiculare. (Rarius rami primarii 2 inferiores oppositi sunt, raro ramulis 2 alterius muniti nec trifurcati, rarissime rami primarii irregulariter sparsi nec distichi sunt.) Conidia parvula, ovoidea, apice late rotundata vel subtruncata, papilla destituta membrana circum circa æquali hyalina.

» Oogonia parva, membrana tenui hyalina vel lutescente oosporam foventia subglobosam, episporio tenui, fuscescente, diaphano, lævi, munitam. »

» L'auteur a tout observé; les suçoirs seuls, si difficiles à voir, sur le sec comme sur le vivant, lui ont échappé; mais il a le premier observé les oospores.

» Après cette publication si précise et si nette, M. Curtis en fait de

(1) Fasc. V, n° 90.
(2) *Monatsber. der Berliner Akademie*, mai 1855.
(3) *Proceed. Bost. Soc. nat. Hist.*, 6 janv. 1858.
(4) *Ann. Sc. nat.*, *Bot.*, 4e série, t. XX, p. 163.

nouveau un *Botrytis* ([1]); ce *Péronospora* est signalé par M. Ch.-H. Peck, botaniste officiel de l'État de New-York ([2]), et par M. Frost ([3]).

» Ces détails bibliographiques, puisés à des sources qui nous font défaut, sont empruntés à mon ami M. le Dr Farlow ([4]), qui a publié sur le *P. viticola* un très intéressant Mémoire; c'est lui qui a le premier vu la germination des conidies en zoospores, fait très important et d'un très grand intérêt. Nous reviendrons plus loin sur ce travail.

» M. le Rév. M.-J. Berkeley a donné enfin une description de son champignon dans le journal de M. le Dr Cooke ([5]), nommé *Grevillea* en l'honneur du célèbre botaniste anglais Greville; il y a publié un certain nombre de Notes sur les champignons de l'Amérique du Nord, provenant des envois considérables, s'élevant à plus de six mille échantillons, à lui adressés par feu le Dr Curtis; c'est la suite de ses Notes dans les *Annals of natural History* (1853-1859), et les numéros continuent cette série.

» Ces Notices ont été réunies dans un tirage à part que j'ai eu l'honneur de recevoir de l'auteur lui-même il y a déjà plusieurs années. Voici cette description :

« 667. *P. viticola* B et C. ([6]).— Floccis candidis sursum ramosissimis apicibus breviter emarginatis furcatisve, sporis ovatis.

» On the under side of leaves of *Vitis æstivalis;* Lantee River, Ravenel, n° 1632. — New England, Sprague, n° 5764 ([7]). Missouri, Dr Engelmann.

» Forming orbicular white spots; flocci articulated much branched above; the apices emarginate or shortly forked and acute; spores ovate. In those varieties, where the leaves are woolly beneath, the spots are less conspicuous. »

» Enfin, pour compléter cette bibliographie, nous pouvons donner,

---

([1]) *Hist. of plants of North Carolina* (1867).

([2]) *Twenty-third Report of the New-York State Botanist* (for 1869), publié seulement en 1873.

([3]) *Tuckerman's Catalogue of Plants within thirty miles of Amherst College* (1875).

([4]) *On the american grape-vine Mildew;* by W.-G. Farlow, assistant professor of Botany in Harvard University (*Bulletin of the Bussey Institution*, march 1876, n° 22, p. 415, avec 2 planches).

([5]) Grevillea, *A quarterly record of cryptogamic Botany and its litterature.*

([6]) *Notices of north-american fungi :* Grevillea, n° 27 (march 1875), p. 109; n° 667. Tirage à part, p. 119.

([7]) Ces numéros se rapportent sans doute à des séries d'échantillons adressées par ces deux botanistes à M. Berkeley; l'herbier de cet éminent mycologue a été donné à l'établissement royal de Kew, et n'a pas été dispersé

en terminant, la description du champignon par le Dr Farlow (*loc. cit.*, p. 427) :

» *Peronospora viticola* B. et C. — Grape mould. Mycelium varicose, haustoria abundant, small, spherical. Conidial bearing hyphæ fasciculate 4-10 from each stoma; axis simple, slightly undulate, branches few on the upper part of axis, short, alternate, beset with secundary and tertiary branchlets. Tips closely tripartite. Conidia oval, destitute of terminal papilla. Germination by zoospore. Oospores numerous, small, epispore smooth, slightly yellow.

» Common in the Atlantic and central States on *Vitis Labrusca* L., *V. æstivalis* Michx, *V. cordifolia* Michx., *V. vulpina* L., and their cultivated varieties. Oospores on *V. æstivalis.* »

» Le *Vitis vinifera*, qui est cité dans le texte, n'est point cité ici.

» M. le Dr Farlow le compare au *P. nivea*, des Ombellifères, dont il diffère par le port et par la forme des conidies, non munies d'une papille.

» Le *P. viticola* est une espèce tout à fait caractéristique ; elle mériterait de constituer une section particulière dans les *Peronospora* présentant des zoospores, à cause de l'absence de papilles sur les conidies.

» M. Berkeley a seul signalé les cloisons des filaments conidifères, cloisons rares dans les Péronosporées et qui, comme dans le *Phytophthora infestans* de Bary, apparaissent tardivement.

» 2° *Développement du Péronospora; son introduction et sa diffusion en Europe.* — Les publications relatives au Péronospora sont nombreuses depuis qu'il a été découvert en Europe; avant ce temps, nous n'avons qu'un petit nombre à signaler, en dehors des descriptions pures données plus haut, mais en première ligne il faut citer le Mémoire de M. le Dr Farlow (¹), aujourd'hui professeur à l'Harvard University; cette publication est importante, car elle renferme une étude botanique assez complète; l'auteur y a découvert la germination des conidies en zoospores.

» Voici l'analyse de ce Mémoire :

» Le *Peronospora viticola* se montre sur les feuilles et sur les tiges; il n'attaque jamais le fruit; il est particulier à l'Amérique.

» Les filaments sporifères sont souvent cachés par le duvet des feuilles; ils

---

(¹) *On the american grape-vine Mildew*, by W. C. Farlow, assistant professor of Botany in Harvard University (Cambridge Mss.). — *Bulletin of the Bussey Institution* (march. 1876), n° 22, p. 415, avec deux planches. Ce Mémoire fait aprtie d'une série d'études sur les maladies des plantes.

apparaissent dans les premiers jours du mois d'août et demeurent jusqu'aux froids; ils sont surtout visibles sur les feuilles glabres du *Vitis cordifolia*; parfois le champignon envahit les pétioles des plus jeunes feuilles et les tuméfie. Sur les feuilles il s'étend jusqu'à les couvrir tout entières; les taches rouges qu'il détermine s'élargissent; la feuille brunit de plus en plus, se dessèche; *elle ne se détache pas*. Le champignon aime la chaleur humide, mais il paraît mieux supporter la sécheresse que tout autre *Peronospora*. Au milieu du mois de septembre, près de Boston (Massachusetts), presque toutes les feuilles sont attaquées et demeurent mortes sur les branches.

» Le mycélium est plus grêle dans les feuilles que dans les pétioles et les tiges; les suçoirs sont abondants dans la tige; ils ressemblent à ceux du *Cystopus candidus*, qui sont sphériques.

» Les filaments conidifères varient de $0^{mm},2$ à $0^{mm},6$, la taille des conidies de $0^{mm},012$ à $0^{mm},017$; l'auteur décrit les uns et les autres minutieusement.

» La germination donne naissance à des zoospores après une heure, et même de vingt à cinquante minutes, à la vive lumière comme à l'obscurité, très régulièrement. Les spores dormantes ont été trouvées par lui sur le *Vitis æstivalis*, dans les parties desséchées des feuilles.

» Elles sont sphériques, ont un diamètre de $0^{mm},3$ et sont surtout situées près des cellules en palissade.

» Le champignon est très abondant sur les *Vitis æstivalis, V. Labrusca, V. cordifolia, V. vulpina*, sur presque toutes les variétés de vignes américaines, sauf sur le *Diana* : il n'a pas été recueilli sur la côte ouest.

» On a dit qu'il ne se montrait pas sur les variétés du *V. vinifera* (vignes européennes) dans les cultures; mais l'auteur l'a obtenu par le semis dans le laboratoire.

» Dans ces semis, le champignon apparut, deux fois, déjà après la fin du second jour; généralement ce fut après cinq jours pour le *Vitis vinifera*, deux jours plus tard pour les vignes américaines. Sur la tige, le champignon perfore l'épiderme ou pénètre par les stomates : ce point est à élucider.

» Sur les vignes américaines le champignon ne paraît pas avoir d'effet nuisible, au contraire, car il n'attaque pas la grappe et se borne à dessécher les feuilles; il permet ainsi aux rayons du Soleil de la frapper et de la mûrir [1].

---

[1] Cette interprétation de l'auteur est sûrement très contestable, surtout dans le cas où une grande partie des feuilles est supprimée.

» Si le champignon était introduit en Europe sur des vignes plus faibles que les cépages américains, il pourrait en être autrement, et le *Peronospora* pourrait être une répétition, sur une échelle moindre, de ce qui est déjà arrivé pour le Phylloxéra.

» Dans un Ouvrage spécial sur les champignons parasites de la vigne, M. le baron von Thuemen ([1]) constate que le Péronospora n'a pas paru encore en Europe; quant à la nouvelle donnée par Franck ([2]) qu'il aurait été vu en Hongrie, à Verchetz, ce fait mérite confirmation.

» Le premier observateur qui ait signalé la présence effective du *Peronospora viticola* en France est M. J.-E. Planchon, Membre correspondant de l'Académie des Sciences ([3]); dans sa Note, il donne de très brefs détails botaniques, et avec sa franchise habituelle il cite ceux de ses correspondants auxquels il est redevable de divers renseignements.

» M. le Dr Deluze, de Coutras, lui remit, dès le mois d'août, des feuilles de Jacquez attaquées; il en reçut ensuite de Lot-et-Garonne (M. Lespiault), de la Charente-Inférieure (Dr Menudier), du Rhône (M. Pulliat), et apprit que M. Millardet en faisait l'étude chez un propriétaire de Bordeaux; les vignes françaises sont attaquées comme les autres. Il conseilla de ramasser et de brûler les feuilles contaminées.

» Dans cette Note, la question de l'origine est traitée en ces termes; il y a cette phrase que nous retiendrons : « On devait s'attendre à voir, d'un » jour à l'autre, le Mildew faire son apparition dans les vignobles de notre » pays... (p. 601) ». Dans un autre endroit, en note : « Les présomptions » les plus fortes sont pour l'importation récente; on a pu confondre les » effets du Mildew avec ceux de l'anthracnose. »

» Peu de temps après, M. Planchon traite encore le même sujet dans le Journal auquel il collabore si activement ([4]). La Note précédente lui a valu des informations nouvelles, sur la diffusion du Péronospora. M. Vaissier,

---

([1]) *Die Pilze des Weinstokes, monographische Bearbeitung,* von Felix von Thuemen; avec 5 planches. Vienne, Wilhelm Braunmüller (1878), p. 167.

([2]) *Synopsis der Pflanzenkunde* von Lewis; Hannover, 1877, p. 1853.

([3]) *Le* Mildew *ou* faux Oïdium *américain dans les vignobles de France* (*Comptes rendus*, séance du 6 octobre 1879).

([4]) *La Vigne américaine,* Revue publiée par MM. J.-E. Robin et V. Pulliat, sous la direction de M. Planchon, 3e année, n° 11, novembre 1879 : *le* Mildew *ou* faux Oïdium, p. 241.

membre de la Société d'émulation du Doubs (1), a reconnu et recueilli des échantillons authentiques de Péronospora dès le 16 septembre 1879, à Mancey (Saône-et-Loire), à Chambéry et Yenne (Savoie) le lendemain, puis dans le Doubs et dans le Jura.

» M. Pulliat pense que le champignon est ancien en Europe. M. Planchon signale l'apport, jusque sur notre sol, des poussières lancées par les volcans de la Guadeloupe. « On sera peu surpris du transport possible des » spores microscopiques d'un champignon à des distances bien moins » étendues. »

» Il ne connaît pas le Mémoire de M. Farlow, analysé ici plus haut, mais il mentionne une Note de M. B.-B. Halsted (2), qui donne une figure et indique la germination des conidies en zoospores; ce travail paraît avoir été postérieur à celui de M. Farlow, dont il n'est peut-être qu'un résumé.

» M. le Dr Pirotta (3), à la suite de la première Note de M. Planchon, annonce qu'il vient d'observer aussi le Péronospora en compagnie de M. le Dr Cattaneo, dans la pépinière de M. Scatti, près de Voghera (province de Pavie), le 14 octobre 1879.

» On sait que l'auteur est un cryptogamiste distingué, qui a fait d'utiles travaux dans ce sens; il a décrit et figuré, dans un Livre spécial sur les champignons parasites de la vigne (4), le *Peronospora viticola*, emprunté aux spécimens des *exsiccata* de M. von Thuemen.

» Il ne s'explique pas comment le champignon a pu apparaître tout d'abord dans une pépinière ne contenant que des plants indigènes; il ajoute que la chose a, selon lui, beaucoup d'importance pour la vigne, déjà si menacée.

» Un correspondant anonyme de la *Vigne américaine* écrit du Poitou (5) une lettre sur le Péronospora; il signale ce fait, déjà connu en Amérique, que les espèces ou variétés à feuilles tendres [*Vitis æstivalis* (Jacquez), *V. vinifera* (gamai)] sont attaquées fortement, tandis que les espèces à feuilles coriaces (*V. riparia, cordifolia, cinerea*) le sont très peu, ou pas du tout (*V. Solonis*).

(1) Voir *le Courrier franc-comtois*, numéro du 31 octobre 1879.
(2) *Douzième Rapport de la Société d'Horticulture de l'Ohio*, avec vignette (1878).
(3) *Comptes rendus*, séance du 27 octobre 1879.
(4) *I funghi parassiti delle vitigni*. Milan, 1877, avec planches.
(5) Numéro du mois de janvier 1880, p. 11.

» M. Planchon ([1]) répond à son correspondant que le Péronospora emporte parfois les deux tiers de la récolte de Catawba (*V. Labrusca*), d'après G. Hussemann ([2]); dans le Delaware, les fruits qui ne sont pas attaqués atteignent la grosseur normale, mais ne mûrissent pas et se dessèchent. Le Péronospora apparaît du 1er au 15 juin en Amérique, et bien plus tard chez nous.

» Les remèdes n'agissent que d'une façon très imparfaite et sont incertains.

» M. Meissner (de la maison Bush et fils) envoie ([3]) de Saint-Louis (Missouri) à M. Pulliat quelques remarques sur le Péronospora. M. Engelmann a reconnu ce champignon sur le dessin de M. Pulliat et considère son arrivée en Europe comme très fâcheuse.

» M. Meissner pense que la sécheresse relative de la France et l'apparition tardive du Péronospora l'empêcheront de faire de grands dégâts.

» M. Engelmann affirme que le champignon n'existe jamais sur le bois aoûté et qu'il n'a pu être introduit que par le moyen des feuilles tombées.

» M. Lespiault, de Nérac ([4]), signale à M. Planchon et à M. Pulliat l'apparition, dès le 1er août, du *Peronospora viticola*. Le champignon s'est montré sur les Herbemonts, sur quelques jeunes Jacquez arrosés trop fortement et sur des semis d'Eumélan.

» M. Planchon ([5]) propose de porter la question devant le Congrès phylloxérique de Lyon.

» M. Laserre ([6]), vice-président du Comice agricole d'Agen, signale que, dans la pépinière départementale de Monbrun, près d'Agen (Lot-et-Garonne), et dans la sienne propre, les Jacquez sont très atteints, et il n'y a pas eu d'arrosages abondants comme chez M. Lespiault.

» M. Planchon ([7]) publie quelques détails sur l'extension du Péronospora. En 1880, dans le midi de la France, il s'est développé sur une très grande échelle; il a attaqué les Jacquez jeunes, mais moins énergiquement les clintons et les cunninghams; il s'est montré également en Algérie.

([1]) *La Vigne américaine*, janvier 1880, p. 11.

([2]) *The cultivation of the native grape*. New-York, sans date, in-12.

([3]) *La Vigne américaine*, mai 1880, p. 149 : *le* Mildew *ou* faux Oïdium *en Amérique et en Europe*.

([4]) *La Vigne américaine*, août 1880, p. 230.

([5]) *Ibid.*, p. 231.

([6]) *Ibid.*, septembre 1880, p. 286.

([7]) *Ibid.*, octobre 1880, p. 294.

» M. Planchon l'a revu en Espagne et à Barcelone; M. Pulliat l'a vu en Suisse, en Allemagne (¹) (provinces rhénanes), en Alsace, dans l'Ain et dans la vallée de la Saône.

» M. Planchon ajoute que, en dehors du cas cité par M. Cerletti et qui doit être étudié à nouveau, le Péronospora n'attaque que les feuilles et n'a produit, comme dommage extrême, qu'une défoliation anticipée.

» M. Cerletti publie, en collaboration avec M. le Dr Schiratti, un article, dont la traduction est donnée par le Journal *la Vigne américaine* (²), sur l'apparition du *Mildew* des Américains à Farra di Soligo (Italie).

» Ils décrivent l'altération et le brunissement du bois, l'aspect farineux et l'induration des grains. On ne sait exactement ce que les auteurs ont réellement observé et ce qu'ils rapportent d'après les Ouvrages américains; le mot *Mildew* paraît les avoir trompés : il semble qu'il y ait confusion avec les effets de l'oïdium; c'est ce qui se présente souvent dans les publications des praticiens américains.

» M. Pulliat ajoute en note qu'il n'a rien observé de pareil dans la vallée de la Saône, sans doute, dit-il, parce que le Péronospora ne se montre pas avant le mois de septembre; M. Planchon (³) et M. Millardet (⁴) ont fait également des réserves sur ce point.

» Cette maladie a pris, à Farra, de grandes proportions et a causé des dommages considérables; elle a été observée cette année-là pour la première fois.

» Ils font remarquer que le Péronospora des pommes de terre, terrible dans le nord de l'Europe, cause des dégâts à peine sensibles en Italie, à cause de la sécheresse ordinaire.

» M. Lespiault, de Nérac (⁵), complète ses observations (voir plus haut); il ajoute qu'à la date du 10 août les progrès du Péronospora ont été effrayants dans les semis de vignes françaises et américaines; les vignes voisines n'ont rien eu.

» Le 8 octobre il annonce que la vendange a mûri assez bien, mais

(¹) *La Vigne américaine*, octobre 1880, p. 299.

(²) *Revista di Viticoltura ed Enologia italiana*, publiée par M. Cerletti, directeur de l'École royale de Viticulture et d'Œnologie de Conegliano, et par le Dr A. Carpeni, directeur de la Société œnochimique, journal bimensuel; la *Vigne américaine*, novembre 1880, p. 289.

(³) *La Vigne américaine*, octobre 1880, p. 294.

(⁴) *Journal d'Agriculture pratique*, 10 février 1881, p. 193.

(⁵) *La Vigne américaine*, octobre 1880, p. 296 et 298.

lentement; dans la région du Sud-Ouest, les divers vignobles ont été atteints (Gironde, Landes, Basses-Pyrénées, Lot-et-Garonne, Dordogne, Tarn-et-Garonne, Haute-Garonne).

» Les vignes américaines sont très peu atteintes; Mme Ponsot, de Libourne (1), pense que le Péronospora était connu depuis longtemps sous le nom de *maladie blanche*, affection particulière au Merlot, cépages du Bordelais; M. Pulliat (2) et M. Petit (3) soutiennent une opinion analogue.

» M. Aguillon, de Signes (Var), constate (4) que des Jacquez, qui ont eu très peu de Péronosporas, ont très bien mûri leurs fruits et donné un vin marquant 13° alcoométriques, tandis que les cépages français n'ont pas mûri et ont donné un vin titrant 7° seulement.

» Dans une brochure spéciale, M. Maurice Lespiault, de Nérac (5), donne quelques détails sur la répartition du Péronospora; il publie une figure du champignon, qui en donne bien l'apparence générale, quoiqu'il représente les oospores et le mycélium d'une manière un peu schématique, et que les stipes jeunes soient renflés au sommet.

» Il y reproduit un article inédit et purement botanique de M. Millardet. Ce dernier n'a pas vu la germination des conidies, mais il a pu obtenir avec elles une contamination au bout de huit jours; il est le premier à avoir observé les oospores en Europe.

» M. Lespiault insère aussi une Note de M. Fréchou, pharmacien à Nérac, qui renferme des analyses de Mémoires américains publiés par différents auteurs, notamment par M. Saunders (6), par M. Cook (7) et par M. le professeur Santo Garovaglio, directeur du Laboratoire cryptogamique de Pavie, dont il cite les conclusions peu rassurantes (8).

» La brochure donne, aux dernières pages, quelques conseils en prévision du Péronospora :

---

(1) *La Vigne américaine*, p. 297 (et surtout dans le numéro du mois de janvier 1881, p. 25).

(2) *Ibid.*, p. 300.

(3) *Ibid.*, p. 301.

(4) *Ibid.*, décembre 1880, p. 360 : *Effets comparatifs du Mildew sur le Jacquez et les cépages français.*

(5) *Les vignes américaines dans le sud-ouest de la France.* Nérac, Durey, éditeur, 1881. Cette brochure a été reçue le 19 décembre 1880, communiquée gracieusement par l'auteur.

(6) *Agricultural Report*, 1876.

(7) *American wine and grape grower* (aug. 1880).

(8) *Voir* plus loin l'analyse du Mémoire.

» 1° Tailler court et rapprocher les raisins pour favoriser la maturité.

» 2° Rognage du 1er au 15 août; le feuillage persistera plus longtemps.

» 3° Sucrer les moûts pour assurer au vin au moins 9° d'alcool.

» M. Pulliat (1) analyse la brochure de M. Lespiault et en reproduit la planche; il combat l'auteur sur l'origine américaine du Péronospora. Il admet l'identité du Péronospora et du *Mélin,* bien connu des vignerons de l'Ouest.

» M. Millardet a publié en outre (2) sur le Péronospora un article qui complète le travail précédent. Il y constate la grande extension et les effets ordinaires de cette maladie : les vignes ont été parfois dépouillées de leurs feuilles, le raisin a mûri difficilement; le degré alcoolique et la qualité du vin ont été altérés.

» Il représente une coupe de feuille avec des filaments relativement énormes; il donne une bonne figure des filaments conidifères et des oospores; il n'a pu observer les suçoirs du mycélium.

» Il a vu les rameaux envahis mourir quand l'écorce avait été envahie de bonne heure; il pense que le Péronospora peut attaquer la grappe en fleur (d'après Mme Ponsot, de Libourne), tout en faisant quelques réserves sur le cas de M. Cerletti, cité plus haut.

» M. Oliver, de Collioure (3), viticulteur de mérite, a constaté le premier effet du Péronospora le 3 septembre 1880; il a, peu de jours ensuite, appris, au Congrès viticole de Lyon, à bien connaître le champignon.

» Le 18 septembre, tout le vignoble roussillonnais perdait ses feuilles à la suite de « coups de soleil ». Les Jacquez étaient aussi fortement atteints que les plants indigènes; le Solonis, le Cunningham l'étaient très peu, le Rulander un peu plus. Immunité pour les Riparia, Cordifolia, York's Madeira, Vialla, qui ont conservé leurs feuilles vertes.

» Il n'est pas rassuré sur la nouvelle maladie; le champignon peut retarder la maturité, abaisser le titre du vin : c'est ce qui est déjà arrivé dans une partie des Aspres, du côté de Tresserre. Les vins de liqueur, surtout, souffriront.

---

(1) *La Vigne américaine,* janvier 1881.

(2) *Journal d'Agriculture pratique,* 45e année, 10 février 1881.

(3) *Le Mildew,* Lettre adressée à M. J.-E. Planchon; numéro du 27 novembre 1880 de l'*Indépendant des Pyrénées-Orientales* (communiqué par M. le Dr Cassan, de Banyuls-sur-Mer); cette Lettre reproduite dans la *Vigne américaine,* février 1881.

» Il pense que les soufrages ne peuvent réussir contre l'anthracnose et le Péronospora, que s'ils sont appliqués tout à fait au début de la maladie.

» L'apparition, dans le Tarn, du Péronospora est signalée dans la Revue de M. Roumeguère par un article (¹) qui correspond à une Lettre écrite par M. le Dr Thomas, de Gaillac; M. Roumeguère a reçu de même des indications spéciales de M. Therry, de Lyon, sur les départements du Rhône et de l'Ain.

» M. Prillieux (²), dans une Note présentée à la Société centrale d'Horticulture de France, a donné quelques détails sur l'apparition du Péronospora dans une région spéciale; mais plusieurs des faits qu'il relate ne sont point absolument conformes à ce que j'ai observé. Il signale la désarticulation de la feuille, mais il a vu le limbe seul se détacher et la queue de la feuille demeurer adhérente; il considère les craintes émises sur le Péronospora comme exagérées, et il conseille de se rassurer. Des études ultérieures modifièrent cette opinion pendant l'année 1881 (³).

» Une Note de M. le Dr Pirotta (⁴), adressée au grand public, explique la nature du Peronospora, ses affinités, les détails de sa structure et la bibliographie qui y est relative; le parasite est d'origine américaine, il est entièrement nouveau pour l'Italie.

» M. le Dr Pirotta (⁵), dans une brochure spéciale qu'il m'a fait l'honneur de m'adresser, revient sur le Péronospora, qu'il considère comme un fléau pour la Viticulture; il donne quelques détails sur la maladie, pour guider les chercheurs dans les expériences curatives sur ce parasite : c'est sans doute le travail cité dans le Mémoire de M. le professeur Santo Garovaglio.

» M. Santo Garovaglio (⁶) donne des détails sur la diffusion en Italie du *Peronospora viticola*, sur le rôle du laboratoire de Pavie dans la découverte de ce champignon et la connaissance qu'on en a en Italie; c'est M. Pirotta qui

(¹) *Revue mycologique de M. Roumeguère*. Toulouse, t. III, p. 187 (octobre 1880).

(²) Le *Peronospora viticola* dans le Vendômois et la Touraine (*Société centrale d'Horticulture de France*, 1880, p. 625-626); par M. Prillieux.

(³) *Comptes rendus*, t. XCIII, p. 753.

(⁴) *Sulla comparsa del Mildew o falso oidio degli Americani nei vigneti italiani* (*Bullettino dell' Agricoltura*, nº 44; 1879.

(⁵) *Ancora sul Mildew o falso oidio delle vitis*. Milano; tip. del *Riformatorio patronato*, 1880.

(⁶) Santo Garovaglio, *La Peronospora viticola ed il laboratorio crittogamico di Pavia* (1880).

l'a trouvé le premier. Il donne la diagnose et la description du Peronospora prise dans le travail précédent ([1]) de M. Pirotta.

» Il cite deux espèces de vigne : le *Vitis rotundifolia* (Scuppernong) et le *V. vulpina*, qui seules, dans le Jardin botanique de Pavie, résistent au Péronospora, tandis que la plupart des autres espèces ou variétés, indigènes ou américaines, aussi bien les *Cissus* que les *Ampelopsis*, sont attaquées par cette affection.

» M. W. Voss ([2]) annonce que le Péronospora a fait cette année son apparition au mois de septembre dans la Carniole.

» Le même auteur, dans un autre Recueil, donne des détails semblables ([3]).

M. le baron von Thuemen ([4]) ajoute que le Péronospora s'est répandu de la Carniole dans la Styrie, la basse Autriche et dans le sud du Tyrol.

» Je regrette vivement de n'avoir pu lire la monographie du Péronospora faite par M. le baron von Thuemen ([5]), dont les publications relatives aux maladies des plantes sont bien connues.

» L'auteur indique plusieurs publications ([6]) dont je n'ai pu avoir connaissance et dit qu'on a fait de très nombreux articles sur la question ; il est probable que, à part le précédent, la plupart des écrits indiqués ne contiennent pas de faits nouveaux sur l'histoire naturelle du parasite : je tiens ces indications de mon ami M. Gennadius, d'Athènes.

» M. Gennadius, inspecteur général de l'Agriculture en Grèce, a bien voulu, sur ma demande, prendre quelques informations sur le Péronospora dans son voyage en Italie, pendant l'automne de l'année 1880.

([1]) *Archivio triennale del laboratorio crittogamico*, t. II.

Je regrette de n'avoir pu me procurer toutes les publications de ce savant botaniste, qui a eu la bonté de m'en adresser plusieurs.

([2]) *Hedwigia* (1880), n° 11, p. 171.

([3]) *Mycologische Notiz* (*OEsterr. Botan. Zeitschrift*, t. XXX, 1880, n° 11, p. 355).

([4]) *Die Einwanderung der Peronospora viticola in Europa* (Hedwigia ; 1880, n° 11 ; p. 172).

([5]) *Ueber den Mehlthau der Weinreben* (*Peronospora viticola* de By), *aus dem Laboratorium der K. C. chemisch-physiolog. Versuchs-Station für Wein-und Obstbau zu Klosterneuburg bei Wien* ; 1881.

([6]) *Neue Gefahr durch amerikanische Reben ; OEsterr. landwirthschaft. Wochenblatt* (1879), n° 36, S. 416. — *Der Reben-Mehlthau auch in Europa* (*ibid.*, n° 46 ; S. 477). — *Nochmals der Reben-Mehlthau* (*ibid.*, 1880, n° 41 ; S. 336). — *Der Reben-Mehlthau* (*Wiener allgemeine Zeitung*, 1880, n° 233, S. 4). — *Der Reben-Mehlthau* (*Wiener landwirthschaftliche Zeitung*, 1881, n° 13, S. 90).

» Il a étudié le champignon en France et le connaît bien; le Péronospora n'existe pas en Sicile, où le Phylloxera s'est montré récemment.

» M. Gennadius a joint à sa lettre une analyse des articles du journal italien le *Vinicolo italiano* (¹), que je n'ai pu consulter; je transcris cette analyse :

» La rédaction dit qu'elle a reçu de différentes parties de l'Italie centrale, du nord et du midi, des feuilles attaquées par le Péronospora.

» M. Negri, président du Comice agricole de Casale, rapporte (²) que, vers la fin du mois d'août et le commencement de septembre, la maladie s'est manifestée dans les vignobles de Monferrato et dans d'autres localités jusqu'aux Alpes.

» Le même auteur (³) donne une longue description du champignon et cite le Rapport de M. le professeur Santo Garovaglio, de Pavie; il pense en outre que les spores sont venues directement de l'Amérique, transportées par le vent.

» M. Planchon avait déjà indiqué (⁴) cette explication dans la *Vigne américaine*.

» On donne ensuite (⁵) l'analyse d'un Mémoire de M. le Dr Ravizza (⁶) où l'auteur affirme que le sulfate de fer, qu'il a employé contre l'anthracnose, a empêché aussi le développement du Péronospora.

» M. l'ingénieur A. Bellinato essaye de prouver (⁷) par plusieurs exemples que le Péronospora a été apporté en Italie, non pas par les vents du sud-ouest, comme le dit M. Negri, mais par ceux du nord-est.

» M. S. Calloni (⁸) soutient l'hypothèse de M. Negri; il ajoute que les études d'Ehrenberg sur la faune et la flore microscopiques des pluies du sud-ouest démontrent la présence constante d'espèces américaines.

» M. Calloni affirme que les vignes de la Campagna Adorno, saupoudrées abondamment avec un mélange de cendre et de soufre, ont mieux résisté que les autres aux attaques du Péronospora.

(¹) Ce Journal est hebdomadaire et dirigé par MM. O. Ottavi et J. Macagno.
(²) Numéro du 26 septembre 1880.
(³) Numéro du 3 octobre 1880.
(⁴) N° 11, novembre 1879, p. 243.
(⁵) *Vinicolo italiano*, numéro du 17 octobre 1880.
(⁶) *Bullettino della regia stazione enologica di Asti*, n° 4, p. 256.
(⁷) *Vinicolo italiano*, numéro du 24 octobre 1880.
(⁸) Numéro du 21 novembre; analyse d'un Mémoire de *Agricoltore ticinese*.

» Parmi les publications italiennes, l'une des plus importantes paraît être le Rapport de M. Santo Garovaglio ([1]).

» M. Santo Garovaglio rapporte les expériences qu'il a faites pour détruire le Péronospora.

» 1° Il a opéré avec des substances répandues à la surface des organes aériens (soufre, cendre et liquide anticryptogamique Chiraghi).

» 2° Il a employé des composés chimiques destinés à pénétrer par les racines pour aller détruire le mycélium dans l'intérieur de la plante (sulfure de carbone, nitrate et carbonate de potasse).

» Il opéra sur des vignes françaises et exotiques, et laissa des témoins pour juger des effets obtenus. Aucun des moyens essayés ne donna de résultats.

» Au mois d'octobre 1881, j'ai reçu de M. Carrière, directeur de la *Revue horticole*, les premiers échantillons de Péronospora que j'aie observé aux environs de Paris; ils avaient été recueillis par lui aux environs de Boulogne-sur-Seine : au Muséum d'Histoire naturelle et dans deux jardins que j'ai loués à Paris pour y faire des expériences sur les maladies des plantes, je n'ai jamais observé le parasite sur les vignes.

» En 1881, un certain nombre d'articles ont été publiés sur le Peronospora et sur le traitement qu'on pourrait employer pour le combattre; j'ai rédigé une analyse sommaire des publications que j'ai pu lire.

» Je regrette de n'avoir pu me procurer le compte rendu du Congrès de Milan, non encore paru, qui a eu lieu au mois de septembre 1881, et qui contient un grand nombre de très intéressantes communications sur les maladies de la vigne.

» M. Drageon ([2]) analyse une Communication de M. le Dr Vidal qui renferme des observations dues à M. le Dr Ch. Tulasne. L'auteur donne peu de détails sur le parasite; il conseille de l'attaquer par le dessous des feuilles; le soufrage exécuté avec moitié soufre et moitié chaux hydrau-

---

([1]) Rapport présenté à S. Exc. le Ministre de l'Agriculture, du Commerce et de l'Industrie par M. le professeur Santo Garovaglio, Directeur du laboratoire de Pavie. Il a paru dans le journal italien l'*Economia rurale*, numéro du 10 octobre 1880 : la traduction en a été publiée par le *Messager agricole du Midi*, revue des associations et des intérêts agricoles du Midi, numéro du 25 octobre 1880.

([2]) *La Provence agricole et horticole illustrée*, publié sous la direction de M. Drageon, avec la collaboration de MM. Naudin, Planchon, Lichtenstein, Maillot, de Martin, Heckel, etc. Toulon, place Puget, n° 2, 15 janvier 1881.

lique aurait donné de bons résultats. Mais le grand intérêt de cette Note consiste dans les figures intercalées dans le texte et qui paraissent dues à l'un des illustres auteurs du *Selecta fungorum Carpologia*.

» Ces figures représentent deux *Erysiphe*, le *Peronospora Viciæ*, le *Phytophthora infestans* et ses zoospores, ainsi que le *Peronospora viticola*.

» D'après M. Pulliat (1), au milieu de juillet 1881, le Péronospora aurait été déjà observé depuis deux mois dans le sud-ouest de la France, sur le Jacquez seul; en Algérie, toutes les vignes ont été atteintes.

» Dans le même numéro, M. Pulliat (2) rapporte qu'il a lu, au Congrès de Montbrison, une Communication écrite par M. Planchon sur le Péronospora.

» M. Roumeguère (3), dans un article spécial, où il cite beaucoup de parasites de la vigne, donne d'intéressants détails bibliographiques sur les travaux de bon nombre de personnes qui se sont occupées de cette question.

» M. Planchon, le mois suivant (4), constate que l'invasion du Péronospora s'était faite généralement, dans le courant du mois d'août, en Italie et dans le nord de l'Afrique; en 1881, le Péronospora s'est montré, dès le 18 juin, sur des Jacquez, chez M. Maurice Lespiault, puis sur des plants français.

» Près d'Alger, M. le Dr Trabut l'a vu dès le 1er juin; M. Herran, propriétaire à Bouffarik, près d'Alger, lauréat de la prime d'honneur, a observé qu'un vent sec arrête complètement le développement du fléau.

» Un fait analogue s'est produit dans la haute Italie, d'après M. G. Cuboni (5).

» Du reste, le Phylloxéra n'a pas fait de mal en 1881 en Italie, et n'a presque pas paru dans le Piémont (6), où il a fait beaucoup de ravages en 1880 (7). La sécheresse de l'année a conjuré partout les mauvais effets dé-

(1) *Le Mildiou en Algérie*, chronique de M. Pulliat (*La Vigne américaine*, numéro du 7 juillet 1881, p. 193.)

(2) P. 215.

(3) *Retour précoce du Mildew*, titre de la Table des matières (*Revue mycologique* de M. Roumeguère, Toulouse, 1881, n° 11, p. 29.

(4) *Apparition précoce du Mildiou en Italie, en Algérie et dans le sud-ouest de la France.* (*La Vigne américaine*, n° 8; août 1881, p. 236.)

(6) *Revista di Viticoltura*, n° 15, août.

(5) Lettre de M. Cavazza, directeur de l'École de viticulture d'Alba, à M. Pulliat. (*La Vigne américaine*, n° 10, p. 309, octobre 1881.)

(7) Pulliat, *Chronique*. (*La Vigne américaine*, n° 9; septembre 1881.)

terminés par les pluies du commencement de l'année : le Péronospora a été partout local, en Italie, en Suisse, en Allemagne ([1]).

» Ce qu'on a essayé de dire sur l'ancienneté du Péronospora dans notre pays manque absolument de netteté et de précision ([2]), malgré des détails parfois fort longs ([3]).

» M. Prillieux ([4]) dit avoir observé les oospores sur divers cépages européens, à Nérac sur le Jurançon blanc, à Libourne sur le Verdot, aux environs de Tours sur divers cépages, et il affirme que l'on pourrait certainement multiplier beaucoup les exemples. Il pense, d'après ses observations nouvelles, qu'il serait imprudent de fermer les yeux sur les dangers que ce parasite peut faire courir à nos vignobles, dans le cas où une saison humide en favoriserait le développement.

» Mme veuve Ponsot, de Libourne ([5]), dans un article publié ultérieurement dans la *Vigne américaine* et reproduit plus tard ([6]) par la *Gazette agricole du Midi*, annonce que contre le Péronospora « la chaux vive répandue à la rosée, la chaux éteinte en poudre, le soufre seul, la chaux et le soufre par parties égales » n'ont produit aucun résultat. Le sulfate de fer en poudre, mélangé au plâtre pulvérulent (4^{kg} de sulfate de fer avec 20^{kg} de plâtre), a donné un succès complet dans un cas, mais a noirci les pousses tendres dans un autre cas. La poudre avait été répandue à la main.

» L'action d'une solution de sulfate de fer contre l'anthracnose paraît efficace, mais ce qui a été dit pour le Péronospora par M. Reich ([7]), citant Mme Ponsot, manque de précision.

» En 1881, après avoir été si désastreux en France et à l'étranger l'année précédente, le Péronospora, qui avait tant occasionné de dégâts et causé des pertes regrettables, n'a pas produit de résultats bien sensibles; son apparition a été très limitée ([8]).

([1]) PULLIAT, *La Vigne américaine*, décembre 1881, p. 381.

([2]) *Enquête sur le Mildiou.* (*La Vigne américaine*, n° 8, août 1881, p. 247.)

([3]) *Id., id.*, n° 9, p. 297, 304, 307.

([4]) *Sur les spores d'hiver du Peronospora viticola.* (*Comptes rendus de l'Académie des Sciences*, t. XCIII, 1881, p. 753.)

([5]) *Traitement des feuilles mildiousées par le sulfate de fer pulvérulent mélangé au plâtre* (*La Vigne américaine*, n° 2, février 1881, p. 48).

([6]) Mars 1882.

([7]) *Les effets du sulfate de fer contre les maladies cryptogamiques de la Vigne* (*La Vigne américaine*, n° 8, août 1881, p. 251).

([8]) *La Vigne américaine* (septembre 1881, p. 258).

» Je me suis rendu spécialement dans le Midi, afin de le rechercher et de l'observer; mais ce fut en vain. Dans une tournée faite du mois de juin au mois de juillet 1881, je n'ai trouvé aucune trace de Péronospora ([1]) dans la région du Midi, à Narbonne, Béziers, Collioure et Banyuls, malgré des recherches attentives faites en compagnie de viticulteurs et de praticiens qui voulurent bien m'aider à examiner les feuilles dans divers vignobles.

» Ce n'est que beaucoup plus tard dans la saison qu'on aperçut quelques rares attaques.

» M. Planchon m'écrivait, à la date du 29 novembre 1881, que « le » Mildew ne s'est montré à Montpellier que sur des vignes de semis du » *Vitis Californica* et d'une autre espèce encore, à l'École d'Agriculture de » Montpellier, les Jacquez même, qui y sont si sujets, ont été préservés » cette année. »

» M. Oliver, de Collioure, m'écrivait le 1er décembre 1881 que le Péronospora « est apparu à Collioure après les rosées des 13, 14 et 15 septembre, » faiblement cependant, et si peu qu'il a fallu vouloir l'observer pour le » voir. Ce n'est pas toutefois qu'il ne fût assez apparent sur certaines » feuilles; quoi qu'il en soit, ses dégâts sur la récolte ont été nuls.

» D'après ce qui m'a été rapporté, il aurait été vu dans la plaine du » Roussillon, du côté de Palau, à la fin de la seconde quinzaine d'octobre, » après les vendanges. »

» M. Lespiault, de Nérac, a bien voulu me communiquer les observations suivantes :

« Nous avons trouvé les premières taches de Mildiou, le 8 juin, à Nérac ; » je crois qu'on l'avait observé, le 6, à Bordeaux. La sécheresse continue » de l'été ne lui a pas permis, heureusement, de se développer au » point de nuire aux vignes comme l'an dernier, mais nous ne sommes » pas sans crainte pour l'avenir.

» En Algérie, un de mes frères a un domaine à Chaïba, province d'Alger, » où la moitié au moins de la récolte a été perdue, en 1881, par suite de » l'invasion du Péronospora. »

» En Algérie, en effet, le Péronospora se montra sur une très grande échelle et produisit des effets d'une intensité extrême.

([1]) *Comptes rendus*, p. 30 (séance du 11 juillet 1880).

» Les pluies torrentielles du mois d'avril et du commencement de mai ont donné une diffusion considérable au parasite. M. Ernest Javal, propriétaire à Bouffarik, près Alger, m'adressa des feuilles fortement attaquées et me donna verbalement des détails circonstanciés sur les pertes qu'il subissait dans ses jeunes et vigoureux vignobles; j'ai signalé brièvement le fait, le mois suivant ([1]), en constatant que nos départements méridionaux étaient encore indemnes à cette époque.

» En 1880, le mal avait passé inaperçu; cependant, un botaniste distingué, M. le Dr Trabut ([2]), professeur à l'École de Médecine, l'avait signalé dans une Revue locale et l'avait recommandé à l'attention des viticulteurs; il avait apparu au commencement de septembre, comme en France, sur beaucoup de vignes des environs d'Alger.

» La *Vigne américaine* donne quelques détails sur l'apparition du Péronospora en Algérie (provinces d'Alger et d'Oran ([3]).

» M. Meissner ([4]) ne croit pas que le Mildew soit pour la viticulture française une cause de préoccupation sérieuse; il émet l'avis que le Mildew a toujours existé de temps immémorial en Europe, sans se prononcer toutefois.

» En Amérique, le Mildew produit *des ravages désastreux* sur les Vignes du pays; l'auteur établit cinq catégories de cépages diversement résistants aux atteintes du parasite. La cinquième est extrêmement attaquée chaque année; elle renferme diverses formes du *Vitis æstivalis*, notamment le *Jacquez;* la première est au contraire composée de cépages réfractaires à cette affection; parmi les formes du *V. æstivalis*, il cite le *Cynthiana* et le *Norton's Virginia*.

» Des cépages, issus du *V. labrusca*, se trouvent également dans la première et dans la cinquième catégorie; on ne peut suivre l'auteur plus loin

---

([1]) *Comptes rendus* (*loc. cit.*).

([2]) *Bulletin de l'Association scientifique algérienne* (année 1880), p. 242.

Je tiens cette publication de M. Delamotte, vétérinaire de l'artillerie d'Alger, qui a bien voulu me l'adresser.

([3]) *Apparition précoce du Mildew en Italie, en Algérie et dans le S.-E. de la France*, par F.-E. Planchon, août 1881, p. 236.

([4]) *Quelques observations sur le Mildiou et sur son influence sur les vignes américaines*, par M. Meissner, à Bushberg (Missouri). (*Compte rendu général du Congrès international phylloxérique de Bordeaux* (*Gironde*), *du* 9 *au* 16 *octobre* 1881 (Bordeaux, Féret et Fils; Paris, G. Masson).

dans sa communication, qui porte principalement sur l'appréciation de divers cépages anciens ou nouveaux.

» J'ai cru devoir demander à M. le Dr Romualdo Pirotta, professeur à l'Université de Modène, divers détails sur le Péronospora et sur la manière dont il s'était comporté en Italie; il a eu l'extrême obligeance de me répondre une lettre de laquelle je détache le passage suivant; il sera lu avec intérêt, car l'auteur des *Parasites de la vigne,* qui a découvert le Péronospora en Italie, a une autorité toute spéciale dans la question ;

« Modène, 6 décembre 1881.

» ... J'ai présenté au Congrès pour les maladies de la vigne, qui a eu lieu » à Milan, au mois de septembre dernier, une sorte de résumé de tout ce » qui a été écrit, en Italie, principalement sur le champignon....

» Pour répondre en quelque sorte à vos demandes, je dois vous dire que » plusieurs observateurs (dont je fais partie) ont observé cette année une » apparition sporadique du champignon, et l'on peut dire que le dévelop- » pement a été beaucoup entravé par la sécheresse extraordinaire de l'été. » Au commencement du mois de septembre, l'humidité causée par des » orages qui se sont succédé rapidement a favorisé le développement et » la diffusion du parasite, surtout dans quelques points déterminés, par » exemple dans la province de Trévise (Vénétie); bientôt, la sécheresse » étant revenue, ce développement du champignon s'est arrêté.

» J'ai vu le Péronospora au mois d'octobre à Modène; les feuilles sont » tombées très rapidement en quelques jours.

» J'ai recherché les oospores dans les feuilles tombées, mais jusqu'à pré- » sent je ne les ai pas encore trouvées; l'année passée, au contraire, j'ai » rencontré les oospores du Péronospora sur des feuilles de *Vitis æstivalis* » très attaquées et qui étaient depuis quelque temps tombées à terre. J'en » ai envoyé une préparation à M. le professeur Prillieux, dont j'ai eu le » plaisir de faire la connaissance à Milan.

» Les dégâts causés en 1880 par le Péronospora en Italie ont été très » graves; dans quelques régions, surtout dans l'Italie supérieure et dans » la Toscane, on a perdu la moitié, les deux tiers ou la totalité de la récolte » de vin.

» Cette année les pertes ont été presque insensibles dans beaucoup d'en- » droits où, l'année passée, le Péronospora avait été désastreux. Il n'a pas » même reparu cette année.

» Je ne puis rien vous dire en ce qui concerne les remèdes, on en a em-
» ployé beaucoup, mais aucun n'a donné de bons résultats.... »

» M. le Dr Macagno, directeur de la Station royale agricole de Palerme en Sicile, a eu la bonté de me donner de même quelques renseignements sur le Péronospora, qu'il a fini par trouver à Palerme, Riesi et Catane, au mois d'octobre 1880; ce champignon n'a causé de dégâts en aucun endroit « parce qu'en Sicile, comme dans tous les climats secs, il commence à faire tomber les feuilles seulement dans les premiers jours d'octobre, lorsque la récolte du raisin est faite. » Il a entendu dire que les solutions de sulfate de fer ont donné de bons résultats dans certaines parties du Piémont; il pense que le Péronospora peut causer de grandes pertes dans les parties humides du nord de l'Italie. »

» Le Dr Ravizza, dans le Journal *l'Economie rurale de Turin*, numéro du 25 décembre 1880 (¹), signale les bons effets obtenus par l'emploi du sulfate de fer (Note du *Bulletin de la station royale œnologique d'Asti*). Des vignes atteintes par le Péronospora se trouvèrent mêlées à des vignes anthracnosées et traitées comme elles par la solution de sulfate de fer pendant l'année 1879. « Toutes les souches ainsi traitées se sont maintenues très
» saines et n'ont été envahies en 1880, ni par le Péronospora ni par l'an-
» thracnose. »

» M. le prof. Ant. de Bary (²), dont la compétence sur les Péronosporées est de premier ordre, l'auteur de la description du *P. viticola* et le maître de M. le Dr Farlow qui a fait de ce champignon une étude si intéressante, M. le prof. de Bary n'a pas dédaigné de faire paraître un article sur la question, dans le Journal de M. Blankenhorn, l'amateur de vignes bien connu. C'est surtout un article de vulgarisation, mais très bien fait et très clairement rédigé.

» Par quelle voie le Peronospora s'est-il introduit en France?

» Il est curieux de constater qu'on invoque l'apport des spores par les vents venant d'Amérique, lorsque chaque année les navires apportent des

---

(¹) Cité par M. Pulliat (*La Vigne américaine*, n° du mois de janvier 1881, p. 27), à propos de l'analyse de la brochure de M. Lespiault : *Les Vignes américaines dans le sud-ouest*, analysée ici même.

² *Peronospora viticola der neue Feind unserer Reben. — Der Weinbau-Organ des Deutschen Weinbau-Vereins; populaere Zeitschrift*, Carlsruhe, 15 Januar, 15 Februar, 1881.

plants enracinés. Une seule feuille malade, une seule spore dormante ont pu déterminer cette introduction.

» Croira-t-on que, depuis vingt siècles et plus, les vents aient attendu pour nous apporter le champignon, que le commerce de plants américains soit devenu aussi actif qu'il est aujourd'hui?

» Est-il possible de préférer l'explication d'une introduction directe, si naturelle et si plausible, à une autre; de considérer comme raisonnable le transport à 10000^{km} en ligne directe d'une minuscule spore qui ne devrait pas, au milieu d'un vent si violent, s'être desséchée ou altérée?

» Concluons donc que le Péronospora est venu en Europe avec les vignes américaines, ainsi qu'on l'avait bien prévu.

DES PÉRONOSPORÉES DANS LEUR ENSEMBLE.

» *Généralités.* — Les Péronosporées constituent un petit groupe de la famille des Saprolégniées, dans laquelle elles rentrent complètement; le genre *Peronospora* diffère très peu du genre *Pythium*, qui renferme plusieurs espèces vivant sur des plantes aériennes, et s'en éloigne incontestablement moins que beaucoup d'autres genres de Saprolégniées.

» *Caractères généraux.* — Les Péronosporées peuvent être définies jusqu'ici par les caractères suivants : elles sont toutes parasites sur des plantes aériennes; le mycélium est pourvu de suçoirs, les spores extérieures ou *conidies* se désarticulent aisément.

» *Genres divers.* — Les genres qui sont contenus dans ce petit groupe sont faciles à distinguer; on peut les reconnaître à l'aide de la clef suivante :

» Spores en chapelet [*Cystopus* Léveillé (*Pl. V, fig.* 18)];

» Spores réunies en tête, à l'extrémité d'un filament renflé en massue [*Basidiophora* Roze et Cornu (*fig.* 12-16)];

» Spores nées à l'extrémité d'un filament terminant un arbuscule rameux.. {
qui s'accroît après la formation de la spore [*Phytophthora* de Bary (*fig.* 1-4)];
qui ne s'accroît pas [*Peronospora* Corda (*Pl. I, fig.* 1-6; *Pl. V, fig.* 1 et 2)].

» *Germination des spores.* — Dans les trois premiers genres, la spore germe dans l'eau en émettant des corps agiles ou zoospores (*Pl. V, fig.* 14 et 15), très accidentellement, et dans l'air humide alors, en émettant un tube de mycélium (*Pl. V, fig.* 16; *Pl. VI, fig.* 5 et 6).

» Dans le quatrième genre (*Peronospora*), la germination en zoospores se présente dans un très petit nombre d'espèces; la germination en tube de mycélium est la loi générale.

» Deux espèces présentent un cas intermédiaire; la spore émet au dehors tout son contenu plasmatique, qui se réunit en sphère, s'entoure d'une membrane et germe en produisant un tube comme les autres spores.

» *Premier mode de reproduction.* — Les spores nées à l'extrémité de filaments dressés, ramifiés ou non, sont souvent désignées aussi sous le nom spécial de *conidies* (*Pl. I, fig.* 1*a*; *Pl. V, fig.* 2 et 3), et les filaments qui leur donnent naissance sont nommés *filaments, stipes conidiophores* ou *conidifères*: c'est le premier mode de reproduction.

» Les faits qui précèdent ont été découverts par M. de Bary et publiés en français ([1]), avec un grand nombre d'autres, également très curieux, dans un admirable Mémoire, aujourd'hui classique; ils ont été vérifiés par plusieurs observateurs et par moi-même, après beaucoup d'autres.

» *Exemples de Péronosporées.* — Le genre *Cystopus* comprend la rouille blanche des Crucifères (*Pl. V, fig.* 18), du chou, du colza, du cresson alénois, etc. (*C. candidus*, Lév.); la rouille blanche des Composées, *Scorzonera*, *Tragopogon*, etc. (*C. cubicus* Lév.), etc.

» Le genre *Phytophthora* comprend une importante espèce, celle qui cause la maladie de la pomme de terre (*Pl. V, fig.* 1-4) et qui était connue autrefois sous le nom de *Peronospora infestans* Mont. Ce genre a été établi par M. de Bary dans un très beau travail exécuté sur la demande de la Société royale d'Agriculture d'Angleterre, et qui contient la relation d'un grand nombre d'expériences sur ce sujet ([2]), en vue d'élucider l'histoire naturelle du *Phytophthora*.

» Le genre *Peronospora* est fort nombreux en espèces; quelques-unes

([1]) *Développement de quelques champignons parasites* (*Annales des Sciences naturelles botaniques*, 4e série, t. XX, 1863, 9 planches).

([2]) *Journal of the royal agricultural Society of England*, 2e série, t. XII, 1876, p. 239.

d'entre elles sont nuisibles à l'agriculture ou à l'horticulture; on peut citer les suivantes :

» *P. parasitica* de Bary, sur les Crucifères, choux, raves, etc.;
» *P. gangliiformis* Berk., sur les Composées, laitues, artichauts (*Pl. VI*);
» *P. Schleideniana* Unger, sur l'oignon ordinaire (*Pl. IV, fig.* 9);
» *P. Papaveris* Tul., sur les pavots, l'œillette, etc. (*Pl. IV, fig.* 10);
» *P. Viciæ* de Bary, sur les pois et la vesce;
» *P. Trifoliorum* de Bary, sur les trèfles, etc.;
» *P. Fragariæ* Roze et Cornu, sur les fraisiers.

» Malgré les dommages réels causés par ces espèces, dans la plupart des cas on ne s'en préoccupe guère; les variations atmosphériques les favorisent ou les suppriment presque, et c'est à ces variations qu'on attribue l'effet produit par les parasites.

» *Émission des zoospores.* — Le genre *Basidiophora* Roze et Cornu ([1]) (*Pl. V, fig.* 12-16) présente une sorte d'intérêt d'actualité; je l'ai rencontré en 1868 sur une espèce américaine, qui s'est naturalisée en Europe depuis une centaine d'années et s'est répandue partout, sur la vergerette du Canada (*Erigeron Canadense*), l'une de nos mauvaises herbes les plus communes par toute la France.

» Le parasite, qui lui est absolument spécial, et ne vit guère que sur les feuilles radicales, est évidemment originaire d'Amérique, comme sa plante nourricière; il a d'abord été observé en France par nous, et il a été retrouvé en Amérique par mon ami M. le Dr Farlow, depuis peu d'années.

» La spore, semée dans une goutte d'eau, divise son contenu en petites masses, futures zoospores, qui s'isolent les unes des autres et s'échappent au dehors, où elles nagent dans le liquide. Ce phénomène n'exige qu'une heure environ pour se produire.

» Les zoospores sont réniformes, munies d'une vacuole latérale et de deux cils, l'un antérieur et l'autre postérieur; quand elles se sont déplacées ainsi pendant quelques minutes, elles deviennent sphériques, perdent leurs cils, s'entourent d'une membrane de cellulose et germent en émettant un tube de mycélium (*Pl. V, fig.* 14).

» C'est à peu de chose près ce qu'on observe pour l'émission des zoospores chez les autres genres.

([1]) *Deux nouveaux types génériques pour les familles des Saprolégniées et des Péronosporées* (*Annales des Sciences naturelles*, 5e série, t. XI, 1869, 2 planches).

» *Pénétration des germes dans la plante.* — M. de Bary a étudié la pénétration des zoospores dans des plantes attaquées par les Péronosporées : la zoospore germe à la surface de l'épiderme, émet un tube grêle qui, dans la plupart des cas, pénètre en perforant l'épiderme et de là se répand en se ramifiant dans la plante. Dans certaines espèces, assez rares, l'introduction du germe s'effectue par les pores naturels, les stomates.

» Dans toutes les Péronosporées, le mycélium ne traverse les cellules que pour pénétrer dans la plante; partout ailleurs il serpente entre elles, les disjoint et émet dans leur intérieur de courts prolongements simples ou rameux, parfois renflés en sphères : ce sont de véritables *suçoirs*. C'est M. de Bary qui les a découverts.

» *Second mode de reproduction, spores dormantes ou oospores.* — Le second mode de reproduction des Péronosporées est constitué par des *spores dormantes* ou *oospores* qui sont le résultat d'une véritable fécondation. Elles apparaissent, quand la végétation du champignon arrive à se ralentir, au milieu du tissu, souvent commençant à brunir, de la plante nourricière (*Pl. IV, fig.* 7-10; *Pl. V, fig.* 17).

» *Oogone, organe femelle.* — Un rameau du mycélium (*Pl. V, fig.* 11) [1] se renfle en sphère, et un contenu trouble et riche en granules s'y accumule; le renflement s'isole par une cloison; c'est l'organe spécial qui formera la spore; on le nomme *oogone* : c'est l'organe femelle (ω).

» Le contenu ne tarde pas à se concentrer en une masse sphérique (o), dépourvue de toute membrane et qui flotte au milieu de l'oogone, dont elle remplit la plus grande partie.

» *Anthéridie, organe mâle.* — Aux environs de l'oogone et pendant qu'il se formait s'est développé un rameau (plus rarement deux) qui s'est renflé en devenant claviforme et s'est appliqué sur l'oogone (a, a'). L'extrémité renflée s'est isolée par une cloison et constitue l'*anthéridie* : c'est l'organe mâle.

» *Fécondation.* — L'anthéridie émet à travers la paroi de l'oogone, qu'elle perfore et traverse, un prolongement grêle, conique, qui parvient jusqu'à la sphérule; une partie du contenu de l'anthéridie se déverse dans cette sphérule et la féconde.

[1] La *fig.* 11 est empruntée à une Saprolégniée, le *Cystosiphon pythioides*, mais les parties essentielles se distinguent plus nettement et plus facilement.

» Après l'accomplissement de ce phénomène, la sphérule s'entoure d'une membrane de cellulose et l'oospore (ω') est formée.

» *L'oospore épaissit sa membrane.* — La membrane est d'abord mince et incolore; le contour est sphérique; elle ne tarde pas à devenir plus épaisse, à brunir et à présenter des angles saillants, des crêtes ou des réticulations diverses sur toute sa surface. C'est par la surface extérieure que cet épaississement se produit; le contour intérieur demeure toujours circulaire.

» Ces curieux phénomènes ont été observés chez les Péronosporées par M. de Bary; ils sont faciles à vérifier sur un grand nombre d'espèces, où ils sont, pour ainsi dire, identiques. Ce qu'on peut en voir chez le *Peronospora viticola*, d'après des échantillons desséchés, permet d'affirmer qu'il en est aussi de même dans cette espèce comme chez les autres.

» Dans la famille des Saprolégniées, que j'ai étudiée spécialement, la reproduction sexuée présente une très grande variété et des modifications extrêmement curieuses [1].

» Les spores dormantes, ou oospores, se rencontrent dans les Péronosporées, au sein des tissus. Dans les différentes espèces, il peut y avoir un lieu d'élection, mais le plus souvent on les rencontre dans les régions occupées par le mycélium et indiquées par la présence de filaments conidiophores déjà épuisés.

» Il faut pratiquer des coupes minces ou dilacérer les tissus préalablement ramollis; ce sont généralement les parties brunes et parfois desséchées, les points où le mycélium est le plus âgé, qui offrent le plus de chance aux recherches toujours très aléatoires. Il est bon d'opérer sur les feuilles les plus anciennement attaquées.

» Quand les organes sont très aqueux et ont une tendance naturelle à se dessécher et à se colorer en brun, la recherche est rendue alors extrêmement difficile : c'est le cas que présentent les feuilles des laitues et les organes aériens des pommes de terre (*Peronospora gangliiformis* et *Phytophthora infestans*).

» *Germination des oospores.* — La germination des oospores n'est connue que dans un très petit nombre d'espèces, dans le *Cystopus candidus* et dans

---

[1] Voir *Monographie des Saprolégniées, reproduction sexuée* (*Annales des Sciences naturelles*, 5e série, t. XV, avec 7 planches).

deux Péronosporas (espèces dépourvues de zoospores, *P. Valerianellæ* et *P. Alsinearum*); elles germent comme la conidie de la plante à laquelle elles appartiennent; chez le *Cystopus* elles émettent des zoospores, chez les deux Péronosporas elles émettent un tube de mycélium.

» Mais l'étude comparative de la germination des organes analogues dans la famille des Saprolégniées et dans celle des Mucorinées permet de faire un raisonnement d'induction, et *je considère comme fort probable* que, quelle que soit la nature du Péronospora, dans des conditions appropriées, l'oospore peut émettre un filament qui se termine par une ou plusieurs conidies, semblables à celles qui sont émises par les stipes conidiophores. L'oospore donnerait directement un stipe conidiophore, en dehors de la plante vivante : tel serait son rôle réel.

» Mes observations sur les Saprolégniées, si voisines à tant d'égards, permettent cette induction et la rendent extrêmement vraisemblable; on y reviendra plus loin, et il apparaîtra clairement que les conditions naturelles semblent appuyer singulièrement cette supposition.

» M. W.-G. Smith a représenté pour le *Phytophthora infestans* un mode semblable de germination; les particularités données par l'auteur sur le mode de culture qu'il a employé ont porté M. de Bary à mettre en doute les observations de cet auteur, et il ne les accepte qu'avec une interprétation bien différente.

OBSERVATIONS GÉNÉRALES SUR LE *Peronospora viticola*.

» *Situation; apparence extérieure.* — Le champignon occupe la face inférieure des feuilles; il y détermine des taches de natures diverses, foncées, plus visibles à la face supérieure que sur l'autre face; mais c'est de l'autre côté qu'il faut chercher les filaments sporifères.

» Sur les feuilles jeunes et atteintes depuis peu de temps, ces filaments forment des taches blanches, un peu nacrées quand les spores existent et ne sont pas tombées; plus tard, l'apparence se modifie considérablement; il n'en reste plus que des traces dans le feutrage, qui subsiste encore en quelques points.

» Il est bien évident que sur les feuilles naturellement tomenteuses les filaments sont beaucoup moins faciles à distinguer; les observations qui suivent sont relatives à des variétés glabres, choisies exclusivement pour simplifier les recherches; l'aspect de la face inférieure est modifié dans les feuilles tomenteuses par un voile qui cache la plus grande partie des changements d'état.

» *Premier mode de reproduction; filaments sporifères; spores externes ou conidies* (*Pl. I, fig.* 1-6). — Au microscope, le Péronospora apparaît comme constitué par des filaments dressés, munis de courts rameaux, parfois ramifiés eux-mêmes, insérés à angle droit et portant des spores nées à l'extrémité de stérigmates de longueur variable groupés à l'extrémité de ces rameaux d'ordres divers.

» Les rameaux sont distiques, c'est-à-dire situés sur deux rangées opposées; ils naissent alternes à des hauteurs diverses; mais les plus inférieurs, les plus longs d'ailleurs, sont en général assez rapprochés de l'extrémité et situés au plus au niveau de la moitié du stipe.

» Ces rameaux inférieurs ne sont pas très allongés et ont le plus souvent une taille qui ne dépasse pas le tiers de la longueur totale du stipe; les rameaux situés au-dessus d'eux sont de plus en plus courts. Les rameaux secondaires, nés sur les rameaux primaires, sont disposés presque exactement comme les rameaux primaires sur le stipe, dans le plan du stipe, plus rarement à angle droit. Il y a des rameaux tertiaires, plus courts et plus réduits que les précédents; ce sont les stérigmates, qui constituent les dernières ramifications des rameaux et qui sont groupés par quatre ou six à leur extrémité. Ils sont rarement isolés.

» Dans l'un et l'autre cas, l'aspect général est le même; au milieu de la série complète des *Peronospora,* si semblables entre eux comme forme, le port de celui-ci est tout à fait caractéristique.

» Malgré cette apparence spéciale et très reconnaissable, j'ai rencontré de si grandes variations, que je n'ose donner une précision plus grande à la description qui vient d'être faite.

» Les spores ou conidies sont piriformes allongées (*fig.* 3); mais, contrairement à ce qui se voit dans la très grande majorité des espèces de *Peronospora,* ces spores sont attachées par la partie la plus effilée : l'autre extrémité ne présente point de *papille,* du moins en dehors des phénomènes de la germination, mais une extrémité largement arrondie.

» Ces spores se détachent très facilement du stérigmate qui les porte et offrent fréquemment une sorte de petite cicatrice de l'insertion sur le filament.

» Elles apparaissent à l'extrémité des rameaux en voie de développement comme un renflement sphérique de l'extrémité du stérigmate; elles grossissent toutes ensemble en demeurant égales; elles s'allongent en simulant une sorte d'ampoule claviforme; elles s'isolent par une cloison, et finalement atteignent leurs dimensions définitives, très variables suivant les différents stipes. Sur un même stipe elles sont en général toutes semblables, toutes de même âge; elles se développent, s'accroissent, tombent toutes ensemble à de rares exceptions près.

» Leur diamètre longitudinal est fort variable ([1]); elles atteignent $\frac{1}{80}$ de millimètre ($0^{mm},0122$) et jusqu'à $\frac{1}{60}$ ($0^{mm},016$); mais un grand nombre sont moitié moindres; elles modifient leur forme avec le temps, et présentent déjà des changements considérables après quelques quarts d'heure de séjour dans l'eau : la base s'arrondit et se renfle; le contour général devient alors irrégulièrement ovale.

» Les filaments sporifères sont, comme les stipes, de tailles très inégales; les uns peuvent atteindre $\frac{1}{4}$ ou $\frac{1}{3}$ de millimètre, tandis que d'autres demeurent beaucoup moins élevés. On en observe même qui, par une particularité très curieuse, due peut être à une sécheresse exagérée, sont à la fois couchés et buissonnants (*Pl. I, fig.* 8, 10, 11); ils sont contournés, difformes, ramifiés irrégulièrement; on en voit enfin d'autres, souvent réunis aux premiers ou accompagnés de stipes très courts (*fig.* 9*a*) qui peuvent être réduits à de simples bouquets de stérigmates.

» Ces dernières formes constituent la dégradation la plus complète que j'aie jamais vue chez les *Peronospora;* elle peut réunir un assez grand nombre de filaments noueux et toruleux, étroitement pressés les uns contre les autres et formant une sorte de mûre.

» Il n'est pas rare de voir alors les stérigmates longs et effilés porteurs de spores dont les dimensions sont doubles de celles des spores ordinaires.

» Une autre modification des filaments consiste dans une ramification reportée entièrement vers l'extrémité terminale, ce qui donne à l'ensemble du stipe, quand il est couvert de ses spores, un aspect tout à fait particulier.

» J'ai observé en abondance ces diverses formes, réunies par de nombreux intermédiaires, à Port-Bou, sur les cépages qui couvrent le versant espagnol des Pyrénées, dans le vignoble très sec qui croît au milieu des pierres et des débris des roches schisteuses. Dans les cas où cette disposition se montrerait exclusivement, on pourrait être tenté de la considérer comme caractérisant une espèce différente du *Peronospora viticola* type.

([1]) Les nombres cités ici sont ceux que j'ai déterminés sur les échantillons vivants.

» Pour observer les stipes conidiophores, on peut les détacher à l'aide d'une aiguille plate et tranchante; mais, pour les observer dans leur intégrité et en place, il convient d'opérer par des sections.

» A l'aide d'un rasoir très tranchant, on enlève des coupes tangentielles de la feuille, et il est facile de voir ainsi que les rameaux s'échappent, isolés ou réunis par groupes, par l'orifice des stomates situés entre les réticulations formées par les nervures (*Pl. I, fig.* 1).

» L'alcool, ou mieux l'acide acétique concentré, mouille et imbibe les diverses parties qui, généralement, retiennent des bulles d'air, et l'on peut voir avec la plus grande netteté, dans ce liquide, le champignon lui-même et l'épiderme qu'il traverse.

» Quand par hasard, ce qui est rare, les spores sont demeurées adhérentes (l'acide acétique les détache moins énergiquement que l'eau), on peut remarquer que l'ensemble rappelle certaines grappes de raisins d'Espagne à grains allongés, raisins désignés sous le nom de *panses*.

» On peut aussi opérer en pratiquant des coupes transversales du tissu de la feuille : il se trouve quelquefois que le rasoir rencontre un stomate et un filament passant au travers (*Pl. IV, fig.* 4). Le nombre des stomates, l'étendue considérable des coupes font que cette coïncidence est assez fréquente; c'est par de semblables coupes qu'on peut tenter d'étudier le mycélium ou de rencontrer les spores dormantes ou *oospores*, second mode de reproduction du Peronospora.

» *Mécanisme de l'émission des conidies* (*Pl. I, fig.* 7). — La forme particulière de la spore permet de surprendre avec une grande netteté, dans certains cas, le mécanisme à l'aide duquel cette spore est rejetée ou se détache.

» Nous avons vu que la spore est telle, que la partie inférieure n'est pas renflée comme dans la grande majorité des espèces, mais atténuée à la base d'insertion sur le filament, ce qui est très favorable à l'observation. Le filament présente des dimensions très variables, et dans quelques cas il est relativement très large.

» Lorsque la spore s'est isolée du filament par une cloison et qu'elle doit être mise en liberté, ce qui arrive sans doute dès qu'elle est mûre, ou peu de temps auparavant, voici ce qu'on peut observer dans des conditions convenables.

» Du côté de la spore, et vers l'intérieur, la cloison semble se gonfler considérablement, et, en même temps, elle paraît comme refoulée par une pression ayant son origine dans le filament.

» Du côté du filament, la cloison semble diminuer ensuite, sans que l'effet précédent soit annulé, en gonflant sa surface libre : à ce moment, dans des cas rares, mais très nets, on peut voir une sorte de substance incolore, d'apparence gélatineuse, séparant les deux moitiés de la cloison par un diaphragme de nature différente; en dehors du contour se montre un petit bourrelet incolore qui le dépasse et fait saillie, dénotant ainsi la présence de cette couche intercalaire (*fig.* 7 *c*).

» Cette sorte de disque intermédiaire a la propriété de se gélifier de plus en plus, et les deux parties de la cloison sont ainsi séparées. Du côté du filament, la cloison se bombe sous la pression intérieure, et chasse la spore, qui achève de se détacher et tombe (*fig.* 7 *d*).

» Cette gélification et cette dissolution du disque intermédiaire peuvent s'accomplir sans doute en dehors de l'action de l'eau; mais l'eau favorise la chute des spores dans une proportion considérable : les spores se détachent dès qu'on vient de les mouiller; l'action de l'humidité, des pluies, des rosées se trouve ainsi mise en évidence. La dissémination des spores est grandement facilitée pendant les temps humides ; elle est entravée par un temps sec; les spores sont retenues pendant les intervalles où leur dessiccation serait certaine.

» Une fois cette chute produite, la cloison apparaît d'abord comme convexe, à l'extrémité libre du filament, puis une modification nouvelle, mais définitive cette fois, se produit : la partie terminale, qui forme la circonférence de section, se recourbe en dehors (*fig.* 7 *e*), en même temps que la paroi s'affaisse sur elle-même; la cloison qui ferme le filament, et qui n'a en réalité que l'épaisseur de la moitié d'une cloison, puisqu'elle s'est dédoublée, est manifestement plus mince que la paroi du filament lui-même. Elle est d'abord convexe et très visible, et finit par devenir presque indistincte. L'extrémité ne conserve pas l'apparence d'un cylindre tronqué; elle se rétrécit et s'effile, le filament est devenu clair et transparent pendant la formation de la spore; il n'est plus rempli que d'un liquide dépourvu de tout granule. Il est bien certain qu'il n'y a, pour chaque stipe, qu'une seule émission de spores.

» C'est postérieurement à cette émission, à ce qu'il semble, que dans certains cas le stipe conidiophore se partage par une ou plusieurs cloisons séparant la cavité continue du mycélium et la partie désormais inutile (*fig.* 5 et 6). Cette segmentation, très rare chez le Péronospora, est fréquente dans des circonstances semblables, chez les autres Saprolégniées et surtout chez les Mucorinées.

» *Germination des conidies.* — Les spores ou conidies du *Peronospora viticola* sont, d'après M. le Dr Farlow, des zoosporanges; si on les sème dans l'eau, leur contenu s'organise en zoospores qui s'échappent au dehors et nagent dans le liquide (*Pl. IV, fig.* 14). J'ai le regret de ne point avoir réussi à observer la germination.

» A Saint-Jean-de-Luz (Basses-Pyrénées) et à Banyuls-sur-Mer (Pyrénées-Orientales), du milieu du mois d'octobre aux premiers jours du mois de décembre, la température de l'endroit où je travaillais était assez peu élevée; elle varia constamment entre 14° et 7°; mon installation, tout à fait improvisée, ne permettait pas d'obtenir une température plus douce. Les matériaux d'étude étaient très abondants, mais n'étaient pas en excellent état; les conidies, parfaitement fraîches étaient assez accidentelles; celles que je faisais développer sur les feuilles triées, en les maintenant dans l'air humide, paraissaient mûrir difficilement : la saison était peut-être trop tardive. J'étais venu spécialement pour étudier et recueillir les spores dormantes qui me firent absolument défaut sur les vignes européennes; les échantillons que j'ai reçus par la poste ne m'ont jamais donné de zoospores.

» Dans la nature, les échantillons, très beaux et très vigoureux, furent assez rares. J'ai vu plusieurs fois des spores se vidant, jamais aucune spore n'émit un filament germe, comme cela se voit parfois chez le *Phytophthora infestans* de Bary. L'altération si rapide de ces conidies confirme en quelque sorte leur rôle de sporange. Chez ces espèces dépourvues de zoospores, les conidies, moins délicates, émettent en général des filaments germes dans les conditions les plus variées. J'ai pu réussir à faire germer les spores du Meunier des laitues (*Peronospora gangliiformis*) et le *Peronospora* du chou (*Peronospora parasitica*) à la température de 1° seulement au-dessus de zéro; après un jour, elles avaient émis déjà un long germe. La grande propension qu'elles ont à s'altérer montre combien est improbable l'hypothèse de certains savants français ou italiens, qui ont pensé que les spores avaient pu venir directement d'Amérique, transportées par les vents d'ouest.

» La propagation de proche en proche ou au loin se fait par les conidies qui sont soulevées par le vent et répandues sur les feuilles; l'eau de la rosée ou de la pluie y détermine leur germination. Les zoospores qui en sortent doivent, comme chez la plupart des espèces voisines, traverser l'épiderme et s'allonger en un mycélium qui se répand sur la feuille pour donner ensuite des conidies nouvelles. Cet intervalle doit exiger un petit nombre de jours.

» A mesure que la feuille vieillit, le Péronospora qui s'était établi sur elle se rapproche de la nervure médiane et la suit jusqu'au point d'attache sur le pétiole, mais l'émission des conidies y devient de plus en plus rare.

» *Mycélium, suçoirs.* — Le mycélium des Péronosporées est généralement très facile à voir sur des coupes longitudinales pratiquées au travers des tissus attaqués, mais il faut que ces tissus soient transparents.

» Dans les feuilles de la vigne, les cellules sont assez petites; la membrane est relativement épaisse; le contenu est opaque, constitué par des grains de chlorophylle accompagnés de très nombreux globules oléagineux. La présence de tous ces globules réfringents, situés dans des cellules étroitement appliquées les unes contre les autres, produit des jeux de lumière au milieu desquels disparaît toute transparence. Les dissolvants spéciaux, notamment l'acide acétique employé surtout à chaud, concentré et bouillant, permettent de faire disparaître complètement la matière verte et les substances graisseuses; mais, malgré cela, le mycélium s'aperçoit très difficilement et seulement par places, à moins qu'il ne soit gonflé de protoplasma ou qu'il ne remplisse les lacunes stomatiques.

» Un moyen très facile à employer pour obtenir des fragments un peu étendus consiste à détruire l'adhérence des cellules par l'action d'une solution de potasse bouillante; on dilacère les tissus, et, au milieu de lambeaux décolorés, on voit çà et là des fragments irréguliers, parfois considérables, contournant les éléments. Mais cette méthode offre le grave inconvénient d'arracher tous les suçoirs et de ne donner qu'un ensemble de ramifications dépourvues de ces organes d'absorption.

» Les filaments ainsi obtenus sont toruleux et fort irréguliers, divisés de mille manières, sans aucun ordre; ils demeurent continus et non cloisonnés; quand ils paraissent l'être, ce n'est le plus souvent qu'une apparence; les cloisons véritables ne se montrent que tardivement et dans des pulvinules déjà fort âgés.

» Ils serpentent entre les éléments, très étroitement appliqués contre les parois cellulaires; ils s'aplatissent et s'étranglent selon l'espace qui leur est accordé.

» Les suçoirs sont très transparents et à membrane très mince; pour les observer il faut clarifier les coupes de la feuille comme il a été dit plus haut, en les faisant bouillir dans de l'acide acétique cristallisable. On aperçoit, quand le tissu est très clair, des vésicules sphériques, qui communiquent avec les filaments par un étranglement très étroit; les vésicules occupent l'intérieur des cellules, et c'est par là que le mycélium, toujours extérieur, puise ses éléments nutritifs.

» C'est seulement par de très courts prolongements renflés en suçoirs que le mycélium des Péronosporées perfore les cellules; les filaments proprement dits ne les traversent jamais et serpentent seulement entre les éléments en les écartant; cette règle s'étend aux filaments conidiophores.

» Quand il n'y a pas d'ouverture naturelle, les filaments ne s'échappent point au dehors; c'est pour cette raison que les raisins, et les rameaux en général, les pétioles et la face supérieure des feuilles, ne portent pas de pulvinules blancs de filaments sporifères.

» Une observation assez générale montre que, quand les spores ont été émises, le mycélium s'est épuisé et s'est vidé de son contenu; s'il a terminé son développement, il devient presque indistinct; la membrane paraît se résorber ou du moins devenir très mince.

» Cette modification est très sensible et se voit bien chez le *P. gangliiformis* des Laitues.

» *Second mode de reproduction, spores dormantes, oospores ou spores internes.* — Le second mode de reproduction consiste dans la formation des spores dormantes ou oospores destinées à conserver les germes du parasite pendant la période défavorable de la saison.

» Ces spores peuvent être desséchées, être soustraites à l'influence de l'air et de l'humidité; elles peuvent demeurer pendant plusieurs mois et même pendant plusieurs années, surtout si elles ont été enfouies dans le sol, sans perdre leur propriété germinative.

» Mais, pour se conserver et germer ainsi, il faut qu'elles aient atteint leur complète maturité, qui n'est acquise souvent que très lentement et plusieurs semaines après leur développement.

» Sur les échantillons reçus de mon ami M. le Dr Farlow, il y a plus de sept années, les oospores sont très nombreuses (1); elles occupent la partie centrale de la feuille et se trouvent surtout interposées entre les cellules en palissade qui occupent la face supérieure de la feuille.

» Les oospores sont sphériques, d'un brun pâle; leur membrane est encore lisse et assez mince. Le contenu est jaunâtre et présente au centre une grosse goutte oléagineuse; elles sont renfermées dans une cellule sphé-

---

(1) Ces échantillons appartiennent au *V. æstivalis* : c'est du reste sur cette espèce seulement que M. Farlow les a trouvés. Voir *Bull. of the Bussey Inst.*, 1876, p. 427.

rique (oogone), sur laquelle se voient rarement les débris de l'anthéridie.

» J'ai cherché en vain ces oospores dans le midi de la France, dans le tissu des feuilles de Jacquez encore couverts de tout leur feuillage (*Vitis æstivalis*), recueillies chez M. Oliver, de Collioure, et en sa compagnie, le 1er décembre 1880. De nombreux échantillons de feuilles attaquées ont été examinés successivement et sans beaucoup de succès : près de Bayonne (Basses-Pyrénées) et aux environs, sur des treilles et des lambrusques, du milieu d'octobre au milieu de novembre ; à Port-Bou (Espagne), à Banyuls (Pyrénées-Orientales), dans le centre de l'immense vignoble de la frontière, du mois de novembre au mois de décembre. Je n'ai observé que des formations douteuses, en tout cas très clair-semées ; la plupart des vignes étaient encore munies de tout leur feuillage au milieu du mois de novembre.

» M. J.-E. Planchon, de Montpellier, m'a écrit qu'il ne les avait point trouvées, malgré de nombreuses recherches à ce sujet.

» Dans la brochure qu'il a publiée sur les vignes américaines (1), M. Maurice Lespiault donne une figure du *Peronospora viticola* et des détails intéressants sur ce sujet ; on y trouve quelques pages inédites dues à M. Millardet. Ce botaniste rapporte quelques-unes de ses observations sur le Mildew : il n'a pas vu la germination des conidies ni des oospores, mais il a observé ces dernières « en nombre immense, non seulement sur les vignes américaines, mais encore sur la vigne européenne » (2).

» Je ne mets point en doute cette affirmation. Cette recherche est fort aléatoire et l'est surtout quand on ne peut observer la vigne en toute saison. Peut être l'époque était-elle trop tardive, dira-t-on ; mais, sur les vignes examinées, les feuilles existaient encore presque toutes sur un assez grand nombre de plantes ; certaines variétés, certains climats sont peut-être plus favorables que d'autres ; ce n'est cependant ni le nombre des échantillons examinés ni l'habitude d'un semblable examen qui ont pu faire défaut.

» Parmi les nombreuses Péronosporées recueillies dans les diverses localités parcourues dans ce but, j'ai été assez heureux pour observer les oospores dans des espèces où M. de Bary, le maître dans ces sortes de recherches, ne les avait point trouvées : *P. Dipsaci* du *Dipsacus silvestris ; P. calotheca* var. *Sherardiæ*, dans les fleurs du *Sherardia arvensis ;* ou les découvrir dans des espèces où elles étaient inconnues ; *P. Schleideniana* Unger, de l'oignon

(1) Nérac (1881), Ludovic Durez, éditeur.

(2) *Loc. cit.*, p. 65.

commun; *P. Euphorbiæ* Fuckel, de l'*Euphorbia silvatica; P. conglomerata* Fuckel, du *Geranium pusillum; P. Linariæ* Fuckel, sur la linaire commune.

» La recherche des oospores est soumise à beaucoup d'incertitudes et de hasards, on ne saurait trop le répéter.

» *Germination des oospores.* — Dans toute la famille, cette germination n'est connue que pour deux espèces de *Peronospora* (*P. Alsinearum* et *P. Valerianellæ*); c'est une lacune très regrettable que la grande difficulté du sujet explique aisément. C'est à M. de Bary qu'on doit ces observations : on doit à M. W.-G. Smith des dessins représentant le *Phytophthora*, mais les résultats en paraissent contestés sérieusement en Allemagne.

» Il ne m'a pas été possible de tenter des expériences sur le développement des oospores, mais je tiens pour probable, comme on l'a vu plus haut, que la germination doit donner des filaments sporifères quand cette germination se produit dans l'air et non sous une couche d'eau.

» A cause de l'importance de cette question, essayons de la discuter en nous aidant de ce qui est connu chez les autres espèces à titre d'indication.

» Comme toutes les feuilles sont tombées à terre et demeurent sur le sol, où leurs tissus se décomposent, c'est sur le sol que les oospores demeurées vivantes et inaltérées doivent germer.

» Il serait très nécessaire de connaître exactement l'époque à laquelle se produit spontanément dans la nature cette germination des oospores; on ne peut pas en juger d'une manière directe; avant tout, faute de mieux, il faut se reporter à l'apparition des premiers pulvinules conidiophores de la saison; on devra donc surveiller cette apparition avec le soin le plus extrême. M. Maurice Lespiault dit l'avoir observée déjà dès le 25 juillet de l'année 1879 et dès le 8 juin de l'année 1880. Dans la plupart des cas on a constaté des dégâts considérables, subitement produits, de la fin du mois d'août aux premiers jours du mois de septembre, comme si la maladie s'étendait brusquement sur tous les vignobles; on serait tenté d'y voir le résultat de la germination des oospores. C'est là que se place une double hypothèse.

Les oospores germent-elles en émettant des zoospores, comme M. de Bary l'a observé chez les *Cystopus*? Germent-elles en émettant des conidies? Ce second cas, fréquent chez les Saprolégniées, n'a point été signalé chez les *Peronospora*, mais il est probable, et je demande la permission de développer les raisons qui me le font croire possible et même probable. Il semble que le premier cas devra se présenter lorsque les oospores sont immergées dans l'eau, le second quand l'eau est en quantité moindre, ce qui est probablement le cas le plus général.

» *Premier cas.* — Admettons le premier mode de germination.

» Le transport direct des zoospores (en faisant abstraction du transport des gouttes par le vent, qui ne peut les pousser bien loin) nécessite la présence d'une couche continue d'eau du point de départ au point d'arrivée; ce transport ne peut s'étendre à de grandes distances; il réduit son effet à la contamination de quelques feuilles situées dans le voisinage et touchant le sol, car il est impossible aux zoospores de pénétrer dans la tige à travers les couches subéreuses du tronc.

» C'est de ces feuilles que devraient partir les germes aériens que le vent peut alors facilement transporter au loin.

» Si cette germination était la seule, il suffirait de relever les rameaux et de les empêcher de toucher la terre; mais il est bien évident que cette condition de végétation exigée pour les zoospores n'est remplie que dans un certain nombre de cas, comme dans l'Hérault, où les longs sarments d'Aramon recouvrent le sol; le Péronospora devrait s'y montrer plus précoce et plus abondant que partout ailleurs. Il y a un grand nombre de vignobles où les tiges dressées ne permettent pas au feuillage de s'étendre sur le sol, et malgré cela l'invasion est complète.

» Avant que les premiers pulvinules se soient développés sur les feuilles, il devrait s'écouler une certaine période nécessaire pour le développement [1]; il faudrait une série de générations successives de spores aériennes avant que le mal soit un peu largement généralisé; il y aurait donc une différence très grande entre les vignobles à rameaux dressés et ceux à rameaux couchés; ces derniers devraient être particulièrement dévastés. On n'a rien remarqué de pareil à ce qu'il semble.

» *Second cas.* — Il peut arriver que les faits me donnent tort, mais il paraît bien probable que, si l'on avait montré que l'oospore peut donner naissance à des conidies, comme cela s'observe dans des champignons très voisins, la dissémination générale et immédiate, à peu près semblable en tous les points, se comprendrait et s'expliquerait bien plus facilement.

[1] Suivant M. Farlow elle est de cinq jours pour les vignes européennes, de sept pour les vignes américaines.

La production des conidies pourrait être déjà très généralisée une quinzaine de jours après la germination générale des oospores.

» Le moment où l'oospore entre en germination est pour le champignon un instant critique; c'est là qu'il faudrait concentrer les efforts si la suppression des feuilles chargées de spores dormantes n'avait pu se faire. On pourra remarquer que, sous le climat de Paris, beaucoup de Cryptogames apparaissent à la suite des pluies du mois de juin, pluies qui déterminent la germination des spores dormantes des espèces estivales. La plus connue de toutes est peut-être celle qu'on appelle la *fleur du tan*, l'*Æthalium septicum*, si fréquente près de Paris sur l'humus des bois. C'est peut-être à la suite de pluies ou de rosées très abondantes que se fait la première apparition du *P. viticola*, qui semble être une espèce exigeant de la chaleur.

» Ce second mode de suppression des spores sexuées n'exigerait de traitement que les années humides, mais il faudrait alors l'appliquer partout. La suppression des premiers germes produit toujours des résultats très notables, non pas en eux-mêmes, mais par les conséquences qui résultent de cette suppression; on détruit du même coup les générations futures.

» On en voit, chez les autres Péronosporées, des exemples déterminés par les conditions météorologiques : la sécheresse prolongée ou le froid suppriment ou diminuent les premiers ensemencements et causent des variations très grandes; on le sait par l'observation forcée de la maladie des pommes de terre, mais ce fait se produit également sur une foule d'autres espèces. J'ai observé et signalé à plusieurs reprises de semblables exemples à propos de Cryptogames, tantôt rares, tantôt communes, selon les conditions météorologiques, notamment à propos des Péronosporées [1] et de leur rareté relative pendant le printemps de l'année 1878 :

» Voici le passage relatif à la germination des spores dormantes :

« La végétation des environs de Paris a présenté cette année un caractère singulier. Quoique les pluies n'aient pas été rares dans les premiers temps de l'année, les *Peronospora*, souvent si abondants, paraissent avoir « manqué ». Les Urédinées de même ont été peu fréquentes.

» Tous les ans, nous avons l'habitude, mon ami M. Roze et moi, d'en recueillir un certain nombre dans nos excursions printanières; cette année, il ne semble pas qu'il y en ait eu de nombreuses espèces. Il faut attribuer cette rareté, sans doute, à la basse température des premiers jours de printemps; l'eau n'a point fait défaut, mais elle est venue en temps inoppor-

---

[1] *Bulletin de la Société botanique de France*, séance du 28 juin 1878, p. 211.

tun. Peut-être lierait-on ce fait, sans invraisemblance avec le précédent (autre fait cité auparavant), et l'on arriverait à cette conséquence, qui ne paraît pas improbable, que non seulement il faut à certaines Cryptogames de l'eau et de la chaleur, mais qu'il les leur faut à une époque déterminée, faute de quoi leur abondance n'est plus si grande.

» L'existence de spores dormantes aide à comprendre ces exigences; elles ont besoin, pour germer à époque fixe, de rencontrer un ensemble de conditions spéciales... Les remarques de cette nature mériteraient d'être faites pour chaque espèce de Cryptogame, principalement pour celles qui sont nuisibles à l'agriculture; on y trouverait peut-être d'utiles renseignements; on pourrait peut-être en tirer des conséquences importantes pour protéger les végétaux qu'elles attaquent. »

» On peut conclure de là quelle importance il y aurait à annuler ou diminuer cet ensemencement primitif, à supprimer plusieurs générations successives de conidies ou au moins l'une d'elles, à produire chaque année régulièrement ce que les conditions naturelles déterminent de temps en temps. C'est ce qui justifierait les efforts tentés dans cette voie.

» En définitive, la chaleur ne fait jamais défaut l'été dans les vignobles, sauf toutefois vers le Nord; l'humidité nécessaire peut ne pas se présenter, et dans ces cas-là, comme en 1880, quand elle vient en temps inopportun, comme en 1881, le Péronospora ne se montre pas.

» *Aspect extérieur des plantes attaquées.* — L'aspect extérieur des feuilles tachées varie considérablement suivant les conditions différentes, avec l'âge de ces feuilles, la durée de l'existence du champignon et sa situation sur la feuille, la saison, la sécheresse ou l'humidité de l'atmosphère. L'apparence est très variable, les formes sont multiples, de telle sorte que, quand on cherche à comparer, comme je l'ai fait, des échantillons authentiques de Péronospora avec ce qu'on voit dans la nature, on est d'abord complètement dérouté; dans tous les cas, le guide sûr et infaillible, c'est la présence des filaments conidifères, qui est caractéristique.

» Nous allons passer en revue les différentes formes et apparences que revêt la feuille attaquée; il conviendra ensuite d'essayer d'en donner une explication physique ou physiologique et d'en indiquer les conséquences.

» J'ai observé le Péronospora principalement à une époque tardive de la saison, dans un pays méridional il est vrai, où toutes les feuilles n'étaient pas tombées; les feuilles inférieures manquaient souvent; plus rarement, et dans certains cas, il était possible de voir des sarments munis du haut en bas de feuilles vertes. Enfin, plusieurs fois, mais d'une manière accidentelle, on pouvait rencontrer, même à la fin du mois de novembre, la tige munie d'une extrémité verdoyante, active encore et en pleine végétation.

» Je suis resté un certain temps non loin de Bayonne (Basses-Pyrénées), du milieu du mois d'octobre au milieu du mois de novembre, et de ce temps jusqu'au mois de décembre je suis demeuré à Banyuls-sur-Mer (Pyrénées-Orientales), à la frontière d'Espagne; partout, et même sur le versant espagnol des Pyrénées, toutes les vignes étaient attaquées, tous les ceps présentaient le Péronospora; quelques-uns d'entre eux le montraient sur toutes leurs feuilles.

» Le dernier jour de mon séjour à Banyuls, j'ai eu connaissance, par l'entremise de mon ami M. le Dr Cassan, de la très intéressante Lettre écrite par M. Oliver, de Collioure, dont la compétence en matière viticole est bien connue; j'ai eu le plaisir de visiter en sa compagnie l'important vignoble de Collioure et ses cultures de cépages américains; il considère le Péronospora comme pouvant être désastreux, et j'avais déjà observé un certain nombre des faits qu'il a signalés dans sa Lettre, rendue publique, à son maître M. J.-E. Planchon, de Montpellier [1].

» Les observations qui suivent paraissent établir des distinctions tres nettes et très précises; c'est seulement, il faut le dire, pour avoir des repères, aussi pour indiquer avec certitude des formes qui appartiennent réellement au Péronospora. Mais il est évident qu'il n'y a rien d'absolu dans ces distinctions, quoiqu'elles soient fondées, et qu'il peut y avoir un grand nombre de passages entre les divers cas.

» Les cépages que j'ai principalement observés étaient l'Alicant, et plus rarement le Muscat. Ils ne sont pas sujets à des variations de couleur exagérées, comme le Teinturier et beaucoup de cépages rouges; quand des variations morbides s'ajoutent à des variations individuelles, la gamme des tons est bien plus variable. Le lecteur est prié d'accorder quelque indulgence à cet essai de classification des effets du Péronospora.

» Dans tous les échantillons que j'ai observés, je n'ai jamais vu de houppes conidifères, ni à la face supérieure des feuilles, ni sur les pétioles, ni sur les rameaux; les nervures proprement dites même m'en ont paru être toujours exemptes. Le mycélium se montre parfois, dit-on, dans les rameaux et les pétioles : je ne l'y ai pas observé.

» La vendange était faite quand ont commencé mes études, mais les grappillons que j'ai pu voir sur des vignes très atteintes n'en portaient pas

[1] Voir l'*Indépendant des Pyrénées-Orientales*, numéro du 27 novembre 1880; la *Vigne américaine* (février 1881).

trace; il est probable que ce qui y a été décrit sous le nom de *Mildew* doit être imputé uniquement à l'Oïdium.

» I. *Les feuilles sont jeunes, d'un vert jaunâtre ou vertes, minces, tendres et destinées à s'accroître encore* (*Pl. II, fig.* 1).

» *Taches arrondies, blanches, mais situées en dessous de la feuille; un peu jaunâtres en dessus, se desséchant à la fin le plus souvent.* — Au premier début, qu'il convient de surveiller avec tant de soin, comme on le verra plus loin, la feuille demeure entièrement verte à la face supérieure; je n'ai pu faire de culture et ne puis savoir l'âge exact de l'ensemencement primordial, pour indiquer au bout de combien de jours les modifications ultérieures se produisent.

» A cet état, les plaques de Péronospora peuvent être déjà assez larges et avoir $0^m,01$ à $0^m,03$ de diamètre; elles sont d'un blanc pur, un peu nacré, cristallin à la loupe, remarquablement visibles sur les espèces glabres; on ne peut les confondre avec l'effet de l'*Oïdium*, qui est farineux, diffus et non réuni en groupes séparés. Le *P. viticola* présente l'aspect des espèces blanches du genre *Peronospora*, et notamment du *P. gangliiformis*.

» Cet état ne semble pas durer longtemps; la face supérieure commence à se tacher de jaune, ce qui donne aux feuilles un aspect particulier qui ne trompe pas les yeux exercés.

» La faible teinte jaunâtre fait place à un pointillé très clair-semé et très flou sur les bords, formé par de très petites taches brunes; enfin le parenchyme de la feuille se dessèche complètement en devenant brun jaunâtre, ton ordinaire des feuilles de vigne sèches.

» Si l'on n'était pas amené par transitions successives à constater que cette altération est bien due au Péronospora, il serait assez difficile de remonter à la cause sans recourir à l'étude anatomique, car les filaments sporifères sont complètement méconnaissables, à peine visibles à la loupe.

» On a affaire à un dessèchement semblable à celui qui est produit par une foule de causes variables; ce premier état est fort net; quand on l'a bien remarqué, il se reconnaît facilement ensuite.

» Cependant, en dehors de la présence reconnue du parasite, il n'y a dans le premier état aucun aspect particulier et caractéristique qui puisse se décrire aisément et dispense d'employer la vérification des instruments grossissants. C'est pour cette raison qu'on cherche à soutenir que le Péronospora de la vigne existe depuis longtemps.

» Cette altération se remarquait à Banyuls-sur-Mer, sur les feuilles jeunes, mais non sur les plus petites à peine étalées; cela montre que le développement du parasite exige un certain nombre de jours qu'il aurait été important de définir, mais qu'il aurait fallu déterminer par des expériences directes dans la nature.

» Les jeunes touffes de Péronospora pourraient être comparées, mais de très loin, à l'Erineum qui débute; l'Erineum jeune est, comme le Péronospora, blanc et un peu cristallin, mais il offre souvent une teinte verdâtre, et surtout il se montre disposé en plaques qui refoulent la face inférieure de la feuille et tapissent une concavité en dépression de cette face inférieure.

» L'emploi d'une très forte loupe, ou mieux d'un microscope suffisant, montre des différences bien plus considérables encore.

» C'est à l'état de taches blanches arrondies et bien définies que se trouve dans les herbiers le *Peronospora viticola* originaire d'Amérique; mais il s'y montre sur des feuilles très belles, larges et coriaces des vignes américaines dans des conditions telles que je n'ai point eu la faculté d'en voir d'aussi luxuriant, sauf sur des échantillons envoyés d'Algérie ou de Grèce.

» *Situation.* — Ces taches occupent souvent l'intervalle des nervures, par lesquelles elles ne sont pas limitées.

» II. *Les feuilles sont adultes, d'un vert assez foncé ou déjà tournant au jaune citron d'arrière-saison, coriaces et ayant terminé leur accroissement* (*Pl. II, fig.* 2).

» *Taches polygonales, brunes, visibles sur les deux faces, la supérieure plus foncée (ou vertes, l'inférieure plus visible).* — Dans ce cas, quelques-unes des taches sont assez caractéristiques; elles sont polygonales, limitées aux nervures grosses ou fines qui constituent le réseau vasculaire de la feuille.

» Il est bien évident qu'entre le cas précédent et celui-ci il y a de nombreux états intermédiaires sur lesquels je ne m'arrête pas; le lecteur comblera aisément cette lacune par la pensée.

» Sous le même titre se trouvent réunies ici deux formes en apparence très diverses, mais passant rapidement de l'une à l'autre pendant les jours mêmes de l'observation.

» A. Les taches sont brunes et même parfois noires; elles sont très foncées à la face supérieure de la feuille, bien plus pâles à la face inférieure; elles sont constituées par le tissu de la feuille frappé de mort en ce point.

» Le mycélium a été arrêté par les nervures; il a tué le parenchyme de la feuille, mais *il n'est pas mort* pour cela; sous l'influence d'une atmosphère humide il peut émettre en une nuit de très nombreux stipes conidiophores qui se couvrent de spores.

» Ces taches sont dans quelques cas répandues avec une abondance extrême. Le tissu est tout à fait noirci, desséché, devenu cassant. On ne peut à la loupe y reconnaître aucune efflorescence de spores ou de filaments, mais l'humidité les y fait apparaître aussitôt.

» Cette particularité est redoutable; je l'ai déjà observée sur le Meunier des laitues (*P. gangliiformis*) ([1]) dans des circonstances semblables; des faits de même ordre se montrent chez la plupart des espèces; M. de Bary l'a reconnu il y a longtemps sur le Péronospora de la pomme de terre.

Situation. — Les taches ainsi formées occupent souvent, comme les précédentes, la partie du limbe contenue entre les nervures principales, mais c'est surtout près de l'extrémité de la feuille que se voient de telles altérations. Elles sont en général petites, de $0^{m},002$ à $0^{m},003$ seulement, et rarement plus ou moins. Ces nombres n'ont la prétention de représenter que les observations que j'ai faites; il est possible que des différences considérables s'établissent dans d'autres conditions.

» B. Quand la feuille est devenue jaunâtre, par suite du travail de résorption dû au cours de la végétation qui s'achève à l'automne, on remarque parfois des îlots verts situés dans le parenchyme de la feuille et qui sont très analogues comme forme et comme position avec les précédents.

» Si l'on conserve quelques jours les feuilles ainsi atteintes, les taches tournent au noir et sont identiques aux autres, quoique bien plus humides.

» A l'inverse des autres taches, la partie inférieure, c'est-à-dire verte, est surtout visible à la face inférieure (*Pl. III, fig. 2v*).

» Si l'on abandonne ces feuilles dans une atmosphère humide les taches polygonales ne tardent pas à se couvrir de stipes conidiophores très nets et très abondants, circonscrits dans la tache et limités comme elle par les nervures.

» Leur transformation, très rapide, fait que leur nombre est toujours très restreint sur les feuilles, et c'est pour cette raison qu'on les a rattachées ici

---

([1]) *Comptes rendus de l'Académie des Sciences*, séance du 9 décembre 1878, alinéa n° 5. *Voir* dans le présent Recueil le Mémoire précédent.

aux précédentes, auxquelles elles donnent sans doute le plus souvent naissance.

III. — *Feuilles adultes; mêmes conditions que plus haut.*

» *Taches confluentes.* — Le parasite semble être bien plus âgé (*Pl. II, fig.* 12).

» Les taches polygonales s'entourent de tissu desséché brun clair, comme dans le premier cas, et ces parties brunes se réunissent, de sorte que la partie morte est comme marbrée.

» Il est très facile de saisir par la pensée le lien étroit qui existe entre cette altération et les deux autres, mais à première vue on peut être embarrassé.

» C'est qu'en effet, sur les deux faces, l'apparence n'est pas la même; les taches polygonales sont plus pâles sur la face inférieure; leur netteté n'est plus d'ailleurs aussi parfaite et les nervures peuvent prendre des tons divers qui contrarient l'effet primordial.

» Il y a plus encore : certains points de la face supérieure prennent, à la suite de modifications profondes, une teinte blanche pruineuse, comme celle d'un tissu vidé de son contenu; c'est un changement en sens inverse du précédent et qui peut troubler beaucoup l'effet d'ensemble.

» La confluence des taches débute fréquemment à l'extrémité des lobes, d'un côté ou de l'autre de la feuille, sur tous les points ou sur quelques-uns seulement.

» La réunion des divers modes de variation possibles dans le sens de l'altération et de la situation donne lieu à des combinaisons dont l'effet définitif peut être extrêmement différent.

» Il est bien évident que je me suis placé uniquement au point de vue de l'aspect extérieur.

IV. — *Dernier terme de l'altération.*

» *Taches confluentes atteignant les nervures principales : effet qui semble caractéristique.* — L'une des modifications du second cas se montre surtout à la fin de l'envahissement de la feuille, et c'est pour cela qu'il convient d'en parler ici. Cette modification apparaît le plus souvent quand le reste du limbe est de plus en plus envahi par les taches brunes confluentes.

» Les nervures principales sont bordées de plaques polygonales qui les suivent étroitement et s'appliquent contre elles, en formant des lignes brisées, par leur réunion.

» Ces plaques polygonales sont, soit toutes vertes encore, soit toutes brunes, soit mélangées; *c'est là* que le Péronospora se reconnaît généralement avec facilité.

» Ces files de plaques péronosporiques sont le plus souvent en rapport avec les plages brunies décrites dans le numéro précédent; on les voit alors revêtir forcément l'aspect typique, qui est le suivant.

» Si l'on regarde la feuille par la face supérieure, on voit que les nervures principales sont accompagnées de bordures noires d'un seul côté ou de deux côtés.

» La bordure commence au point de réunion de ces nervures principales ou aux points de ramification de ces nervures; cette apparence se retrouve sur toute la superficie de la feuille.

» Les angles déterminés par les nervures principales sont presque tous occupés par du tissu bruni, plus ou moins foncé, appartenant aux deux catégories étudiées plus haut. Si l'on retourne la feuille, on voit que la coloration est beaucoup plus faible sur la face inférieure.

» Si variable que soit le mode de dessiccation des feuilles, il est évident que l'on a affaire à une modification tout à fait différente de celles qu'on rencontre d'ordinaire. Le point de réunion des nervures permet donc de reconnaître avec une certaine probabilité qu'on a devant soi une feuille péronosporée, par exemple quand on n'y observe pas les stipes conidiophores, dans le cas des feuilles velues et tomenteuses; mais, je le répète, rien ne remplace l'observation directe du champignon à l'aide d'instruments grossissant suffisamment les objets.

» Il faut maintenant essayer d'expliquer la variation de ces effets et d'en expliquer les causes. Tout cela repose sur une étude minutieuse du Péronospora, difficile à cause des procédés encore imparfaits de la technique spéciale, de la petitesse des objets à préparer et du temps qu'il faut passer (souvent sans réussir) à de semblables recherches.

INTERPRÉTATION ET EXPLICATION DES EFFETS DÉTERMINÉS PAR LE PÉRONOSPORA.

» 1° *Taches arrondies* (voir p. 49).

» La feuille est jeune encore, le tissu est destiné à s'accroître, le contenu des cellules est très riche en plasma, peu riche en matières de réserve.

» Le mycélium traverse facilement les parois de ces cellules pour y introduire ses suçoirs; il est jeune et rempli de vigueur; la nourriture qu'il puise est extrêmement nutritive et fait de rapides progrès sans être arrêté par les nervures grandes et petites.

» Mais il arrive que le tissu ainsi attaqué meurt brusquement, entraînant la mort du mycélium qui l'avait tout d'abord affaibli. C'est l'un des cas étudiés dans le Péronospora des laitues. Ici, peut-on reconnaître en grande partie l'action de l'évaporation? Je n'oserais l'affirmer; quoi qu'il en soit, il n'en est pas moins certain que, sous l'action du mycélium qui remplit les méats du tissu, une partie du contenu aqueux doit disparaître par absorption directe, et l'évaporation par la surface aérienne du champignon divisé en rameaux très ténus doit être extrêmement active.

» Pour le Meunier des laitues, quand l'évaporation est arrêtée, la modification est extrêmement différente, ainsi qu'on l'a vu dans le Mémoire précédent.

» Sans invoquer cette cause, on conçoit également que le tissu frappé de mort par le champignon pourrait se dessécher aussi naturellement.

» Comment ce tissu est-il tué, en dehors des causes qui viennent d'être citées? Le mycélium, pour se nourrir, absorbe les matières protéiques des éléments qu'il entoure; comme la feuille est jeune et qu'il n'y a pas de réserves formées, que le plasma vivant est très dense et très altérable, il en résulte que les éléments sont facilement tués. Le contenu des cellules, à part la chlorophylle, est réduit à un faible volume de substance; on voit ce tissu mince se dessécher entièrement et prendre l'apparence des feuilles atteintes par les gelées printanières. Elles deviennent minces et fragiles parce que les parois ne sont point encore épaissies et solidifiées.

» Nous allons voir que dans les autres cas une différence considérable va apparaître par suite de la constitution des cellules plus âgées et de l'existence de réserves nutritives.

» En résumé, dans les feuilles très jeunes, l'action du mycélium peut s'expliquer par une action physique (évaporation plus grande et perte en eau par absorption directe) et par une action physiologique (épuisement et mort du protoplasma) étroitement liées. Les mêmes actions se produiront dans les autres cas, mais l'effet final sera différent.

» Nous pouvons comprendre l'influence de ce dessèchement partiel sur les feuilles en voie d'accroissement; les régions brunies et mortes ne pourront suivre le mouvement d'extension; elles feront obstacle à cette extension; il en résultera des tractions et des courbures particulières qui se traduiront par une déformation de la feuille. Quand le brunissement se sera produit par les bords, il y aura production de laciniures plus profondes, qui quelquefois pourront se prolonger presque jusqu'au pétiole.

» L'Oïdium détermine des effets mécaniques de même ordre pour des causes anatomiques analogues.

» 2° *Taches polygonales* (voir p. 50). — Le mycélium du *Peronospora viticola* est tel, qu'il ne peut, pas plus que les autres espèces de *Peronospora*, émettre de filaments au travers des cellules entre lesquelles il rampe sans pouvoir les traverser.

» Dans le jeune âge de la feuille, les parois sont minces et molles : le mycélium peut les disjoindre ou tout au moins les refouler; dans la feuille adulte, au contraire, les membranes sont plus dures, plus résistantes.

» Dans les nervures se montrent des éléments à parois très épaisses et sans méats, qui paraissent opposer une résistance presque insurmontable à ces filaments; les nervures constituent donc une barrière pour le Péronospora [voir *Pl.* IV, *fig.* 5 (¹)].

» Le mycélium, forcé de vivre dans un espace limité, y consomme tout ce qu'il peut; il y épuise d'abord, puis frappe de mort la partie atteinte.

» Mais, comme il y a des réserves dans le tissu, la cellule ne les abandonne que successivement, de sorte que le mycélium est pour ainsi dire rationné, et qu'il peut demeurer longtemps vivant.

» Ce n'est pas tout, car les cellules adossées à d'autres peuvent leur emprunter pour elles-mêmes, longtemps avant leur mort, une partie des réserves qu'elles ont perdues. Ces réserves nutritives, qui se forment dans le limbe de la feuille exposée au soleil, sont justement charriées par les faisceaux vasculaires des nervures qui limitent la région envahie. Le mycélium peut donc recevoir de la nourriture par un de ses points et continuer à vivre au milieu d'un tissu déjà très épuisé, altéré ou même mort.

» On voit donc que la constitution anatomique de la plante introduit ici des différences considérables avec l'âge de la feuille.

» Cette explication peut être démontrée exacte; nous avons mentionné

(¹) La structure de la nervure est très simple; le faisceau fibro-vasculaire est entouré d'une gaîne de cellules polygonales; au-dessus et au-dessous de lui un groupe de cellules sans chlorophylle s'interpose entre les cellules à méats et à chlorophylle, et s'appuie sur l'épiderme. Il y a ainsi un mur d'éléments incolores. Les surfaces de contact de ces éléments incolores sont planes et elles ne laissent qu'un très petit intervalle entre elles aux angles; dans les grosses nervures, un arc de collenchyme s'ajoute souvent sur les deux faces.

les curieuses plaques polygonales vertes ; elles vont nous fournir une preuve directe de notre interprétation. Le mycélium force réellement les cellules à attirer vers elles les substances de réserve; en effet, quand la feuille jaunit, c'est que toutes les matières utilisables font retour à la partie pérennante, aux rameaux et au tronc; c'est un fait bien vérifié, reconnu par tous ceux qui ont des notions de Physiologie végétale. La feuille est dépouillée de ses principes nutritifs avant d'être rejetée; c'est même là la cause principale de sa chute. Ce sont les nervures qui enlèvent tout ce qui peut être enlevé et le charrient vers la tige, où s'accumule ce qui servira au développement printanier des bourgeons. La feuille s'appauvrit sans cesse ; la chlorophylle se décompose, devient jaune et disparaît.

» Or, dans les points occupés par le mycélium, l'antagonisme des cellules et de la nervure qui les dépouille reçoit un nouvel élément de combat. Par l'intermédiaire de la cellule, c'est le mycélium qui attire les substances nutritives; aussi voit-on la cellule elle-même profiter des réserves dont elle ne dispose que temporairement, ou bien encore, ce qui revient au même, ne se laisser dépouiller que bien plus tard par les nervures. On voit la chlorophylle y demeurer *en dernier lieu;* c'est pour cela que les taches mycéliales demeurent vertes au milieu des tissus déjà jaunis ou pâlis.

» Cette particularité curieuse est un fait que j'ai reconnu être très général dans l'histoire des champignons parasites; il se montre sur des espèces fort diverses, dans les Ascomycètes (*Erysiphe, Cladosporium, Septoria*, etc.), Urédinées, Péronosporées (*Cystopus, Peronospora*), etc., etc.

» Cela est une vérification physiologique qui a un très grand intérêt; on peut saisir ainsi très nettement l'influence du parasite sur la nutrition générale de la plante, sur la maturation des fruits, qu'il entrave si directement, etc., et, au point de vue général, sur l'antagonisme qui existe toujours entre les organes appendiculaires et les centres de réserves nutritives.

» Dans cette situation, une sorte d'équilibre temporaire semble s'être établi. Mais l'absorption devient bien plus grande quand la formation de conidies est commencée. Dans le cas précédent, dès que le mycélium reprend son rôle actif sous l'influence de l'humidité fournie par l'extérieur, l'équilibre est détruit ; les cellules doivent fournir beaucoup plus qu'elles ne reçoivent; elles sont brusquement frappées de mort.

» La feuille avait pour ainsi dire jusqu'alors résisté à cet appel d'eau et n'en fournissait qu'une ration insuffisante, le champignon ne pouvait fournir de conidies; si quelque rameau s'échappait au dehors, l'évaporation entravait immédiatement son développement. Ce sont ces conditions qui donnent naissance aux formes buissonnantes et rampantes représentées *Pl. I, fig.* 9-11.

» S'il survient une pluie ou une rosée importante, si même la feuille se trouve placée dans une atmosphère plus humide (dans un flacon ou dans une boîte métallique), le Péronospora émet de nombreuses branches conidiales au milieu des amas moriformes qui garnissent l'ouverture des stomates, et cette émission est le signal d'une altération plus profonde. Le brunissement s'étend ensuite plus rapidement.

» 3° et 4° *Taches confluentes et dernier terme de l'altération* (voir p. 52). — Les derniers termes de l'altération s'expliquent aisément avec ce qui a été dit plus haut.

» Le mycélium épuise tout le tissu situé autour de lui ; contenu par les nervures, qu'il ne peut, en général, traverser, il en reçoit une nourriture qui lui fait défaut ailleurs. C'est donc dans le voisinage de ces nervures qu'il acquiert le plus de force. Dans les régions situées vers la périphérie de la feuille, le tissu est tué ou tout au moins les matériaux de réserve sont entraînés, et elles s'appauvrissent sans cesse ; l'accroissement du mycélium et son cheminement dans le sens de la périphérie seront faibles. Ce cheminement sera, au contraire, plus actif vers le point de confluence des nervures.

» La nervure bordée d'un mycélium très actif, qui l'enserre parfois étroitement de ses filaments nombreux, se laisse enfin traverser ; les taches deviennent alors confluentes, et le parasite, prenant possession de tout le tissu, s'avance jusqu'au sommet du pétiole.

» C'est alors que, ce pétiole ne recevant plus rien de la feuille, subit la désarticulation provoquée, de même, à l'arrière-saison, par l'épuisement de l'organe foliaire ; il se produit, auparavant, un tissu spécial qui sert à la désarticulation : c'est la conséquence directe de l'altération.

» Cette chute des feuilles, signe trop évident de maladie pour n'avoir pas forcé l'attention des viticulteurs, a été le premier effet remarqué par les praticiens ; elle n'a pas toujours lieu, même sur des vignes très attaquées ; en Amérique même, elle ne se produit pas toujours ; M. Farlow ne l'a pas observée contre son attente : il y insiste particulièrement ([1]). A Banyuls-

---

([1]) ... As the disease advances, ... the leaf becomes dark brown, shrivels up, and becomes very brittle, but it does not fall from its attachment at once, as we should expect... (*On the american Grape-Vine Mildew*, p. 417). Et plus loin, même page : « .... Almost every leaf is affected and hangs dead upon the branches. »

sur-Mer, beaucoup de feuilles péronosporées demeuraient encore sur les rameaux à la fin de la saison.

» Je n'ai point observé dans la nature la désarticulation du limbe seul, le pétiole restant en place, que M. Prillieux a signalé en 1880. Dans les boîtes métalliques, dans les bocaux où se conservent les échantillons d'étude, cette désarticulation du limbe et du pétiole se produit au bout de quelques jours ; mais ce fait n'est pas spécial à la vigne et n'est pas caractéristique pour le Péronospora.

» On voit souvent les feuilles très fortement altérées et desséchées depuis longtemps présenter des plages blanchâtres ou grises et comme argentées. L'apparence, si singulière, n'est pas restreinte à la maladie qui nous occupe ; elle se montre aussi sur les feuilles de plantes très diverses, naturellement ou accidentellement desséchées : ce sont les cellules de l'épiderme qui produisent ce jeu de lumière. A l'état vivant, le contenu est incolore et aqueux ; quand elles perdent leur eau sans brunir et s'affaisser, la transparence disparaît, les membranes donnent naissance à des jeux de lumière particuliers ; au-dessous se trouve le tissu brun et foncé, qui ne s'aperçoit plus. Telle est l'explication qui m'a paru satisfaisante dans un certain nombre de cas. En déposant une goutte d'alcool ou d'acide acétique sur cette région, on rétablit la transparence de cette couche ; on remplace ainsi par un liquide l'air qui donnait lieu à des réfractions particulières et on détermine une tache foncée : c'est une vérification.

» C'est dans les parties brunies et desséchées qu'il convient de chercher les oospores. On peut en trouver dans les trois cas d'altération qui viennent d'être indiqués. Les spécimens envoyés par mon ami M. le Dr Farlow correspondaient au premier cas ; ils étaient chargés d'oospores.

» Dans les Péronosporas de nos climats, on est presque sûr de trouver des oospores à l'arrière-saison. C'était dans la pensée d'observer bon nombre d'oospores et d'en faire une ample moisson pour des cultures ultérieures que j'avais entrepris si tardivement et spontanément poursuivi ces études.

» L'année précédente (1879), M. Mouillefert n'avait pu me procurer des échantillons de feuilles attaquées ; il en avait en vain demandé à M. Lespiault, de Nérac, à une époque où le vignoble avait perdu toutes ses feuilles.

» Malgré la grande différence qui existe entre l'Oïdium et le Péronospora, j'ai cru devoir intercaler ici le Chapitre suivant, afin de montrer une dernière fois combien est inexacte l'appellation de *Mildew* qui confond sous un même nom deux parasites aussi différents.

CARACTÈRES DISTINCTIFS DE L'OIDIUM ET DU PÉRONOSPORA.

» L'Oïdium et le Péronospora ont un aspect différent et produisent des effets très dissemblables.

Oïdium.	*Péronospora.*
Il est extérieur, étalant ses suçoirs ou les enfonçant dans l'épiderme de la plante (jamais plus avant).	Il est interne, répandant son mycélium au travers du parenchyme de la feuille, très rarement dans l'épiderme.
L'épiderme devient rapidement brun sur la face où le mycélium se montre.	L'épiderme ne brunit pas; ce sont les cellules en palissade qui brunissent d'abord.
Il apparaît sur l'une ou sur l'autre face de la feuille, sur les rameaux et les pétioles.	Il ne s'échappe au dehors que par la face inférieure de la feuille; il peut attaquer, dit-on, les rameaux et les pétioles, mais je ne l'y ai pas encore reconnu.
Il attaque les fruits directement; il les durcit et les empêche de mûrir, et diminue la dose de sucre.	Il n'attaque pas les fruits directement. Il les empêche de mûrir par l'action exercée sur les feuilles, et diminue la dose de sucre.
C'est sur ces derniers qu'il est en réalité redoutable; le mal y est très visible.	Cet effet est très sensible pour des observateurs exercés : le mal n'y est visible qu'indirectement.
Mycélium très facile à observer, extérieur, émettant des crampons à la surface et des suçoirs à l'intérieur des cellules de l'épiderme.	Mycélium difficile à observer, intérieur, circulant uniquement entre les cellules et y émettant de nombreux suçoirs.
Les filaments extérieurs et rayonnants émettent des rameaux dressés qui se cloisonnent à leur extrémité, se renflent et se désarticulent.	Les filaments émettent seulement par l'ouverture des stomates des rameaux dressés, ramifiés, dont les branches se renflent à leur extrémité en une spore ovoïde qui se désarticule.
L'article terminal devient une spore. Le filament émet successivement des spores par segmentation.	Les renflements terminaux ont des spores toutes de même âge. Il n'y a qu'une seule émission de spores.
Les spores sont ovales tronquées en forme de tonnelet.	Les spores sont piriformes, renversées ou globuleuses.
L'altération de la feuille peut s'arrêter à l'épiderme supérieur ou inférieur.	L'altération gagne *forcément* tout le parenchyme occupé : *c'est ce qui rend le Péronospora redoutable.*
Le traitement direct peut atteindre le mycélium qui est placé à découvert; c'est ce qui le rend relativement facile,	Le traitement direct devrait atteindre un mycélium caché dans les profondeurs de la feuille : c'est ce qui le rend très difficile,

REMARQUES SUR LA RECHERCHE DES TRAITEMENTS.

» L'étude des maladies des plantes, surtout lorsqu'on l'envisage au point de vue curatif, n'en est encore qu'à ses débuts ; elle doit suivre une marche régulière et scientifique, s'appuyer sur des faits précis, exactement interprétés, sous peine de ne faire aucun progrès et de ne conduire à aucun résultat utile.

» La méthode à suivre qui semble la plus sage et la plus raisonnable, la plus fructueuse, pour la recherche des traitements est souvent bien éloignée de celle qu'imposent généralement les réclamations des praticiens purs. Quand on donne, au jour le jour, les faits acquis, ils ne voient pas l'importance des prémisses qu'on pose ainsi pour des déductions futures ; quand on tarde à donner un ensemble de conclusions, on est accusé d'indifférence ou de mystère; on subit de toute manière des critiques qui semblent justes.

» Les recherches empiriques satisfont bien davantage l'esprit du plus grand nombre ; on attaque, en effet, le problème de face, et les insuccès paraissent avoir leur raison d'être.

» Mais il ne faut pas oublier les exemples fournis dans les dernières années à propos de la Pébrine et du Phylloxéra. A mesure que les expériences se multiplient et que les échecs des empiriques sont définitivement constatés, il s'établit dans l'esprit public une disposition particulière. A une confiance aveugle, développée sous l'influence de trompeuses affirmations, succède une incrédulité extrême : on n'ajoute plus de croyance aux résultats certains annoncés par des expérimentateurs dignes de foi. L'affolement fait tenter des essais insensés, et bientôt le découragement paralyse tous les efforts.

» Enfin, c'est avec une extrême défiance qu'on accueille les résultats réels et sûrs, empruntés directement aux observations sincères ; on trouve que c'est peu de chose, en présence des promesses brillantes que beaucoup d'inventeurs ont faites, même de bonne foi.

» La confiance ne renaît que très lentement; il faut que les esprits se soient accoutumés à la situation qui leur est faite et qu'ils s'efforcent d'en tirer parti. Cette marche des esprits ne doit point nous décourager, au contraire, mais nous ramener vers la voie des recherches sincères et méthodiques.

» Nous devons aujourd'hui, au milieu de la lutte contre le Phylloxéra, nous qui n'avons jamais désespéré de la victoire définitive, songer à combattre le nouvel adversaire dont nous ne connaissons pas encore bien la force. C'est pour cela qu'il faut étudier aussi exactement que possible l'histoire du *Peronospora viticola*, la nature des altérations qu'il détermine; il est intéressant de traiter la question au point de vue théorique d'abord, en s'efforçant de ne négliger aucun des cas à examiner ; les praticiens jugeront ce qu'ils devront utiliser et retenir; le reste demeurera inutile ou sera repris, s'il le faut, quand les recherches l'exigeront.

» La question des traitements est trop difficile pour essayer de l'aborder directement ; essayons de la traiter d'une manière absolument théorique et générale, et transportons-la dans les régions les plus élevées, où les exemples particuliers ne nous troubleront plus ; la généralité du raisonnement entraînera peut-être une conviction que les détails trop minutieux pourraient arrêter ; c'est l'esprit de la méthode qu'il faut saisir ; essayons de faire voir ce que la question, prise dans son sens le plus général, nous permet de conclure.

» Les animaux aussi bien que les végétaux sont atteints par certaines affections dont la cause réside dans des êtres microscopiques parfaitement définis ; la vie et le développement de ces êtres, les effets qu'ils déterminent constituent les phases diverses de ces affections.

» Chez les animaux, les maladies infectieuses sont déterminées par des sortes de bactéries, à l'étude précise desquelles M. Pasteur a consacré de longues, périlleuses et glorieuses recherches. Depuis peu d'années, les études médicales sont entrées avec lui dans une voie nouvelle; on conçoit maintenant la possibilité de traiter les maladies, non plus dans leurs symptômes, mais dans leur cause intime.

» Cette théorie scientifique, si féconde, et adoptée par tous aujourd'hui, a son fondement dans des croyances et dans des pratiques populaires ; admise de tout temps, elle est passée dans le langage usuel et dans les expressions qui en sont une preuve directe. On emploie depuis longtemps le terme *contracter le germe d'une maladie ;* le mot de *miasme* donne une existence et un nom à des causes, où les anciens médecins ne voyaient qu'une fiction. Aujourd'hui, ces miasmes et ces germes, la Science les décrit, les figure et les cultive.

» M. Pasteur, et c'est là son premier titre de gloire et le fondement inébranlable de sa doctrine scientifique, a montré qu'ils ne sont pas engendrés spontanément, mais semés d'une manière accidentelle ou inconsciente, qu'on peut les faire développer dans des conditions plus favorables que les conditions naturelles, obtenir des races vigoureuses ou affaiblies, enfin qu'on peut en préserver, par des méthodes précises et sûres, les liquides mis en expérience.

» La croyance naturelle aux germes funestes s'est imposée à propos des épidémies et des épizooties ; elle est entrée dans nos lois : il faudrait la rendre générale, la faire admettre à propos des plantes et de leurs maladies.

» Il faut que les agriculteurs aient la conviction qu'une lutte acharnée peut et doit être entreprise avec succès contre des germes invisibles dont l'action sur les cultures est considérable.

» C'est dans ce but, si important à atteindre, et non dans un autre, que des questions bien différentes en apparence seront mêlées dans un examen général.

» En effet, si étrange que cela puisse paraître au premier abord, il n'y a pas de différences essentielles, mais il y a, au contraire, toutes les transitions possibles entre la souris qui dévore et souille les aliments, la moisissure qui en absorbe et altère les substances, entre cette moisissure et le *Bacillus anthracis* qui, comme l'a découvert M. Pasteur, absorbe l'oxygène du sang des animaux et le rend impropre à la vie; il y a une analogie incontestable entre l'action de l'Urédinée, champignon qui affaiblit et fatigue les céréales, le *Trichophyton tonsurans*, champignon qui sévit sur les troupeaux, et la Pébrine, parasite qui remplit et épuise l'organisme des vers à soie.

» Parmi ces ennemis des êtres vivants, les uns sont visibles et tangibles, les autres ne sont décelés que par leurs effets, souvent redoutables : le microscope nous les révèle ; l'expérience nous apprend et nous démontre leur rôle et leurs fonctions.

ÉTUDE GÉNÉRALE DES TRAITEMENTS.

» On peut attaquer les maladies des plantes ou des animaux de manières fort diverses; mais il y a deux méthodes principales :

» On peut tenter de détruire le parasite, pendant qu'il est fixé sur l'être, dans le cours de la période en général active de son existence : c'est le traitement qu'on peut appeler *direct*.

» On peut en outre essayer de l'empêcher d'arriver jusqu'à l'être sur lequel il vit : c'est le traitement qu'on peut appeler *indirect*.

» On a donc deux méthodes à suivre : la première est forcément compliquée, car il s'agit d'atteindre le parasite sans faire trop souffrir l'être aux dépens duquel il vit; il faut ainsi remplir simultanément deux conditions qui souvent s'excluent et toujours se contrarient; la seconde est plus simple, au moins théoriquement, car elle n'exige qu'une condition, empêcher l'ensemencement des germes.

» En termes vulgaires, il est bien évident qu'il est beaucoup plus facile de protéger un être de la contamination que de le guérir une fois qu'il est atteint, car il peut alors souvent se contaminer lui-même.

» L'étude générale des traitements consiste dans l'examen de ces deux méthodes; il s'agit de savoir désormais estimer laquelle des deux est applicable d'une façon complète ou d'une façon approchée.

» L'application à des exemples particuliers donne naissance à une multitude de cas différents; mais il est évident que, pour chacun de ces cas, il faut chercher dans le cycle de l'existence du parasite le point où ce parasite est le plus attaquable, le plus facile à éliminer, à détruire, à décimer ou à affaiblir.

» L'étude complète de ce parasite est donc à faire tout d'abord et à achever complètement; ici nous posons la question dans toute sa généralité, et nous ne supposons aucun cas particulier, sinon que le parasite a une période d'existence dans laquelle, à l'état d'œuf ou de germe, il vit en dehors de l'être qu'il doit atteindre ultérieurement.

» En précisant la question à un cas déterminé, on tirerait des conséquences nouvelles, mais il vaut mieux tout d'abord demeurer dans le cas le plus général.

» On se bornera à citer des exemples; les détails ou les conclusions entraîneraient beaucoup trop loin ; le lecteur y suppléera aisément.

» Première méthode. — *Traitement direct.* — L'emploi du soufre répandu sur les feuilles guérit immédiatement les vignes occupées par l'Oïdium; les fumigations de tabac débarrassent les plantes des Pucerons qui les couvrent; après une ou plusieurs opérations, le parasite est supprimé ; on l'a tué sur place sans faire souffrir l'être qu'il occupait; on ne sait pas le détruire ailleurs, ou l'on ne veut pas tenter de le faire : c'est le cas d'un grand nombre de maladies infectieuses, fièvre typhoïde, variole, etc., dont les germes viennent on ne sait d'où.

» On est souvent réduit à se contenter d'enrayer le développement du parasite pour le maintenir dans un état soit de souffrance, soit de rareté où il n'est plus aussi dangereux (Phylloxéra), ou bien, pour attendre qu'il ait terminé son évolution et demeure inactif ou soit éliminé naturellement par l'organisme (fièvre typhoïde, traitement par le froid).

» Mais il y a des cas où l'on ne peut détruire le parasite sans atteindre l'être qu'il attaque : on opère l'ablation de la région occupée par la pustule maligne (*Bacillus anthracis*) de la branche occupée par un champignon destructeur (*Polyporus cuticularis*) ; afin d'éviter que la contagion ne gagne l'être tout entier, on détruit directement le parasite arraché de son substratum en l'enlevant directement avec lui.

» Si le mal est trop généralisé dans l'être atteint, on ne peut plus agir ainsi : il faut alors détruire les individus attaqués pour sauvegarder les autres. On doit sacrifier l'être tout entier, et nous sommes amenés au cas suivant, où nous sommes conduits par une transition toute naturelle.

» Pour les taches phylloxériques, on pratique l'arrachage et le brûlis sur place pour empêcher le mal de s'étendre; on abat les chiens atteints de la rage pour éviter la dissémination de cette maladie redoutable.

» Seconde méthode. — *Traitement indirect.* — Il y a deux voies à suivre, suivant qu'on agit sur le parasite ou sur l'être lui-même :

» A. Dans l'un des cas, on laisse le parasite répandre ses germes en protégeant l'être qui doit demeurer sain.

» B. Dans le second, on empêche les germes d'être dangereux, par exemple soit en ne les laissant libres qu'à une époque où ils sont sans influence, soit en les écartant, soit en les supprimant, etc.

» A. *Protection de l'être qui doit demeurer sain dans un milieu riche en germes qu'on ne peut, qu'on ne sait, ou qu'on ne veut pas atteindre.*

» Les dissections anatomiques, que la pratique ou l'étude oblige d'exécuter sur les sujets morts de maladies septiques, sont très dangereuses; on est tenu aux plus grandes précautions; les germes s'introduisent par les points où l'épiderme est entamé. En fermant exactement toutes les coupures ou déchirures de la peau, par exemple par du collodion, on se met à l'abri du danger d'inoculation.

» La cloque du pêcher, maladie déterminée par un champignon ascomycète spécial, le *Taphrina deformans*, ne se déclare pas sur les arbres qui ont été abrités, au premier printemps, des pluies et des rosées abondantes; on a ainsi agi d'une manière détournée : on a empêché la germination des spores sur les feuilles et les rameaux. On n'a pas, en réalité, protégé l'arbuste contre les spores, mais contre la pénétration de ces spores dans la plante. On voit que cet exemple rentrerait en partie dans le cas suivant.

» B. *On agit sur les germes.*

» α. *Rendre les germes non dangereux.* — On ne les laisse se répandre que quand ils sont sans influence nuisible.

» Si l'on possède des pailles, des fumiers renfermant des spores d'Ustilaginées (carie, charbon, etc.), il sera bon de ne pas les employer immédiatement. Les Ustilaginées ne pénètrent, en général, que par le collet de la plante à l'époque de la germination; dès que les cultures seront un peu avancées, les germes contenus dans les pailles et fumiers seront sans danger [1] pour les récoltes.

» β. *Écarter les germes, causes des maladies futures.* — On peut, à l'aide du crible ou du van, séparer les grains niellés des céréales qui introduiraient l'*Anguillula devastatrix,* cause de la nielle. L'examen microscopique des papillons, d'après les indications de M. Pasteur, permet d'éliminer les œufs de vers à soie qui contiennent les germes de la pébrine et la répandraient dans les éducations. Les lois de protection contre les épizooties maintiennent en dehors de nos frontières de douane les animaux contaminés qui apporteraient dans les milieux sains le germe des maladies contagieuses.

» L'enfouissement des cadavres est une application de cette doctrine.

» γ. *Détruire les germes des maladies futures.* — Quand il est possible d'atteindre les germes eux-mêmes, il y a le plus souvent un grand intérêt à les détruire au lieu de se borner à les écarter. Cette destruction peut être faite de bien des manières.

» Le chaulage des grains détruit les spores des Ustilaginées.

» Les liquides antiseptiques, les acides, les agents oxydants permettent d'assainir les murs des infirmeries et des hôpitaux.

» Dans beaucoup de cas, il faut employer des moyens plus énergiques :

---

[1] Ils ne le seront pas d'une manière complète; on sait que beaucoup de Graminées sauvages nourrissent les mêmes parasites que les plantes cultivées, et ces parasites y demeurent en réserve. C'est pour cela que les cultures mal soignées, mal entretenues, non sarclées, « empoisonnent » le sol pour plusieurs années, que les terrains absolument incultes sont un mauvais voisinage. C'est des plantes sauvages, contaminées naturellement ou par les germes apportés par les cultures des années précédentes, que reviennent périodiquement les charbons dont les spores, l'ergot dont les sclérotes ne vivent pas plus d'une année. S'il n'en était pas ainsi, toute semence âgée de deux années ne serait plus sujette à ces affections; mais dans de tels semis, comme dans le cas des grains chaulés, on ne sème plus les Cryptogames, elles viennent du voisinage. Ces considérations expliquent également une partie des bons effets obtenus par la rotation des cultures.

on place dans un four chauffé les vêtements des varioleux, d'après les conseils de M. Pasteur; on devrait brûler les pailles des céréales couvertes de rouille, etc.

» L'enfouissement des cadavres paraît écarter toute chance de contamination ultérieure; il n'en est pas ainsi en réalité : M. Pasteur a montré que, dans certains cas, les germes peuvent être ramenés des profondeurs du sol jusqu'à la surface. La destruction par le feu aurait un avantage incontestable sur l'enfouissement.

» C'est ce dernier cas, relatif à la destruction des germes, qui présente surtout un intérêt considérable pour l'agriculture et l'hygiène publique : on ne saurait trop le répéter.

» Nous avons distingué deux méthodes à suivre; parfois ces deux méthodes peuvent donner de très bons résultats et être employées indifférement ou simultanément.

» Les bois ouvrés peuvent être mis hors de service par des insectes ou par des champignons; on les conserve de deux manières différentes.

» La peinture, le goudron, dont on les recouvre, empêchent l'introduction des champignons et des insectes; les injections de sulfate de cuivre ou de produits empyreumatiques ne leur permettent pas de se nourrir de la substance ainsi modifiée. Une comparaison vulgaire rend très bien compte de l'effet produit : dans l'un des cas, on leur ferme la porte de la maison; dans l'autre, la maison reste ouverte, mais on la leur rend inhabitable.

CAS PARTICULIER DES PÉRONOSPORÉES.

» Si l'on essaye d'appliquer ces prescriptions dans des cas divers, on s'aperçoit aisément que les exemples particuliers introduisent des conditions entièrement différentes; la variation portant sur la nature du parasite et de l'être qui le nourrit, cette variation se produit dans deux sens très différents et l'on peut traiter le problème à ces deux points de vue.

» Nous avons examiné en premier lieu et avec de nombreux exemples les questions relatives à la contamination en nous adressant d'abord au parasite, mais il y a une seconde manière d'envisager les faits. Dans la première on peut, si l'on connaît le cycle complet du développement du parasite, chercher les points où ce parasite est le plus attaquable ; dans la seconde on peut s'efforcer de trouver dans le développement de l'être attaqué des particularités qui faciliteraient l'application de ces données.

» J'ai tenté de montrer pour le groupe des Péronosporées, champignons fort semblables entre eux dans tout leur développement, que les différentes espèces ne présentent pas une résistance égale aux attaques dirigées contre elles.

» Dans une seule et même espèce, le *Phytophthora* (*Peronospora*) *infestans* de Bary, la pomme de terre et la tomate sont inégalement atteintes.

» C'est à propos du *Meunier* des laitues que j'ai cru devoir tenter un exposé théorique des traitements à effectuer contre les Péronosporées [1]; j'y ai considéré, dans ce cas particulier, *le traitement direct comme impossible;* la disposition de la plante, l'étroite imbrication de ses feuilles, en partie occupées par le mycélium, ne permettent évidemment pas de tenter une action par l'extérieur; l'action est nulle à la profondeur de plusieurs centimètres, sous plusieurs épaisseurs : la protection contre les spores paraissait une méthode bien plus rationnelle.

» Le cas particulier des cultures d'hiver, très restreintes, sous châssis, à la chaleur, permet de prendre certaines précautions qui ne seraient pas applicables ailleurs, mais qui ont, comme exemple au moins, une importance théorique.

» L'examen succinct de ce cas, fait concurremment avec celui de la vigne et celui de la pomme de terre, montrerait quelles particularités distinguent ces différents cas et quelles seraient celles qu'il faudrait sans doute choisir pour s'y appliquer et tenter des essais avec moins d'insuccès qu'en procédant au hasard.

» Rappelons brièvement l'histoire générale des Péronosporées; le cycle du développement est le suivant :

» Les premières spores, venues on ne sait d'où, se sont ensemencées.

» α. Le champignon apparaît sur les feuilles et émet ses premières conidies; c'est le début.

» β. Les conidies se répandent aux alentours; elles germent sur d'autres feuilles; elles pénètrent dans des feuilles nouvelles.

» γ. Les filaments conidifères apparaissent au dehors; il y a une série de générations semblables.

---

[1] *Maladies des plantes déterminées par les* Peronospora; *essai de traitement; application au Meunier des laitues*. Mémoire lu devant l'Académie (séance du 9 décembre 1878). *Voir* le Mémoire précédent dans le présent Recueil.

» δ. Le champignon forme des spores dormantes dans des organes qui meurent; ces organes tombent et restent sur le sol.

» Bien plus rarement le mycélium demeure dans un organe pérennant de la plante.

» ε. Les spores dormantes germent au retour de la saison favorable, suivant un mode encore mal connu, et d'elles proviennent les premières spores.

» ζ. On peut remarquer en outre que certaines conditions météorologiques, locales ou culturales favorisent, entravent ou détruisent les Péronosporas.

» η. Il y a des plantes différentes qui peuvent nourrir la même espèce, dans la nature ou dans les cultures à des époques différentes.

» Telles sont les principales phases du développement; on pourrait multiplier les divisions, mais pour un examen d'ensemble cela ne paraît pas nécessaire. On voit que, dans cette série d'états, les Péronosporas sont bien semblables entre eux; nous allons voir les différences s'introduire dans chacune des trois espèces que nous considérerons.

» Un caractère anatomique propre aux Péronosporas, et assez rare, consiste en ce que le mycélium est continu, c'est-à-dire formé par un tube unique, diversement ramifié, mais non muni de cloisons, au moins dans le jeune âge. C'est une condition dangereuse pour eux; on sait que les Cryptogames qui sont dans ce cas (*Vaucheria, Bryopsis, Mucor, Saprolegnia*, etc.) sont bien plus délicates que les autres. Ces dernières sont constituées par des segments séparés par des cloisons; chaque cloison détermine une cellule qui peut demeurer vivante lors même que les deux voisines sont frappées de mort. Il est donc probable que les Péronosporas sont plus attaquables qu'on ne le pense généralement, par les agents toxiques.

» Immédiatement, et dans la pensée de beaucoup de personnes, la première idée qui se présentera sera d'essayer le soufrage; mais disons tout de suite que cette substance n'a pas donné, paraît-il, de résultats suffisants. On a remarqué, pendant la seconde moitié de l'année 1880, dans les Pyrénées-Orientales, qu'il y avait une maladie des feuilles (prise pour l'Oïdium) que le soufre ne guérissait pas. M. le professeur Santa Garovaglio, de Pavie, a constaté par des expériences directes que le soufre n'a pas une action suffisamment énergique; on a bien des fois essayé le soufre pour la maladie des laitues et pour celle des pommes de terre, mais sans résultat.

» Les remarques qu'on peut faire en poursuivant la comparaison sont les suivantes :

» 1. *Époque de l'apparition.* — Pour le *P. gangliiformis*, il n'y a aucun secours à attendre de cette considération, mais les pommes de terre peuvent permettre de l'utiliser; si la culture est terminée de bonne heure, les tubercules ne sont que peu ou point atteints; par contre, les tomates ne peuvent en plein air, sous le climat de Paris, être mûres avant l'époque de cette apparition.

» Pour les vignes, il est bien évident que les variétés précoces souffriront moins que celles qui mûrissent tardivement; il y a donc, à ce point de vue, intérêt à les choisir; les cépages du Midi transportés vers le nord, comme cela s'est fait plusieurs fois, pourront sans doute souffrir beaucoup.

» *Conclusion.* — Il semble impossible d'obtenir assez tôt la maturation pour que, même sur les espèces hâtives, le *Peronospora viticola* ne puisse commettre des dégâts pendant les années humides.

» 2. *Conditions de germination des conidies.* — La rosée donne de l'eau en quantité suffisante pour déterminer la germination des conidies chez les trois espèces; mais, pour les laitues cultivées sous châssis, l'arrosage par le sol sans mouiller les feuilles est très important à employer.

» *Conclusion.* — Les vignes (de même que les pommes de terre) plantées dans les terrains mouillés ou exposés au brouillard sont plus que les autres sujettes à recevoir la contamination et à la répandre.

» Il est impossible de protéger les vignes de l'influence des spores; les abris imaginés par M. Neal d'Hamilton [1], comparables à ceux dont on se sert contre la cloque du pêcher (*Taphrina deformans*), sont absolument impraticables dans la grande culture.

» 3. *Situation sur la plante.* — La situation du mycélium dans les massifs de tissus épais (tubercules, tiges, feuilles imbriquées) ne permet pas de tenter le traitement direct pour les deux dernières espèces.

» La vigne se présente dans de meilleures conditions, car ses feuilles sont séparées, pétiolées et étalées; elles sont fermes, elles sont assez épaisses,

[1] *Voir* la brochure de M. Lespiault de Nérac, *Les vignes américaines du sud-ouest*, Nérac, 1881; Note de M. Fréchou, p. 71.

mais le champignon est justement situé sur la face opposée à celle qui recevrait les poudres et les liquides employés.

» *Conclusion.* — La substance devrait tuer le parasite à travers l'épiderme ou émettre des vapeurs énergiques. Une action de bas en haut semble nécessaire. Il y aurait, comme nous l'avons dit, quelques essais à tenter dans ce sens.

» 4. *Conservation d'une année à l'autre.* — La rareté des spores dormantes ou plutôt la difficulté de les rencontrer n'empêche pas que leur action ne soit très manifeste. Ce fait est absolument sûr pour le *P. gangliiformis*; c'est par elle que se fait la première contamination lors du semis des plantes sous cloche; c'est là qu'est le danger le plus sérieux; nous en reparlerons plus loin.

» Le mycélium qui subsiste dans les tubercules de la pomme de terre joue le même rôle que les spores dormantes; M. de Bary (¹) l'a établi par de magnifiques séries d'expériences. Dans les contrées où cette plante est attaquée sur une grande échelle, comme en Sologne, les paysans ne prennent pas toujours des soins assez minutieux; ils ne rejettent point avec une sévérité suffisante tous les tubercules soupçonnés; M. de Bary a cité un cas (¹) très curieux où une petite tache brune, passée inaperçue, a failli compromettre la rigueur d'une expérience; 1^{mmc} de tissu attaqué peut produire, de proche en proche, de notables dégâts dans un champ sain dans toutes ses parties. On ne saurait trop veiller sur le choix des plantes à confier au sol; dans aucun cas il ne faut introduire sciemment un organe malade sous prétexte que l'influence en sera négligeable.

» Les conditions naturelles corrigent souvent les erreurs de cet ordre; mais, quand elles ne les corrigent pas, le résultat peut être désastreux. On rejette alors l'insuccès sur les causes météorologiques, quand dans beaucoup de cas il est dû en partie au manque de soin ou à l'incurie.

» En présence du résultat à obtenir, le temps qu'exigerait une revision très complète et très sévère de tous les tubercules serait amplement compensé par la récolte.

» Il ne faut pas abandonner sur le sol et laisser dans le voisinage des autres et abandonner sur les fumiers les tubercules contenant le mycélium, les débris divers pouvant contenir des germes.

» La culture constante et continue des mêmes plantes dans les mêmes

(¹) *Journal of the Royal Agric. Soc. of Engl.*, t. XII, 1876; p. 255.

terrains accumule les spores dormantes dans le sol et fait que les cultures sont invariablement attaquées.

» Dans les vieux jardins maraîchers, les anciens vergers et les anciennes pépinières, les parterres cultivés de longue date, les champignons parasites existent et se resèment d'une manière constante, sans qu'on puisse parvenir à les détruire.

Examen comparatif des trois maladies déterminées par trois espèces de Péronosporas sur trois groupes de plantes cultivées.

» Rappelons en premier lieu les points caractéristiques de l'histoire biologique de chacune des trois espèces.

Peronospora viticola.	Peronospora gangliiformis.	Peronospora infestans.
	1. *Époque de l'apparition.*	
Tardive; espèce estivale.	Toute l'année : les conidies germent déjà à la température de $+1^{\circ}$ pendant l'hiver.	Tardive; espèce estivale.
	2. *Conditions de germination des conidies.*	
Germination en zoospores qui paraissent exiger l'eau liquide pour pénétrer dans la feuille.	Germination en mycélium qui n'exige que l'air humide.	Germination en zoospores (*dans* l'eau), en mycélium (*sur* l'eau).
	3. *Situation sur la plante.*	
Sur la feuille, à la face inférieure, plus rarement dans les rameaux herbacés.	Sur les feuilles étroitement imbriquées et jusqu'au cœur.	Dans toute la plante jusqu'au bulbe et même dans le bulbe.
	4. *Conservation d'une année à l'autre.*	
Spores dormantes. Elles se montrent surtout sur les cépages américains (*Vitis æstivalis*).	Spores dormantes. Elles se montrent surtout sur le Séneçon commun.	Spores dormantes, très rares ou nulles; mycélium pérennant dans le bulbe.
	5. *Conditions naturelles qui le favorisent.*	
L'humidité et la chaleur.	L'humidité et la chaleur.	L'humidité et la chaleur.
	6. *Conditions naturelles qui l'entravent.*	
La sécheresse et le froid.	La sécheresse et le froid (effet nul sous les châssis).	La sécheressee; le froid n'a pas à agir.

7. *Conditions naturelles qui le détruisent.*

La gelée détermine la chute des feuilles.	La gelée le tue.	?

8. *Espèces cultivées sujettes à la même maladie.*

Les cépages européens (*Vitis vinifera*); la plupart des cépages américains (*Vitis æstivalis, Labrusca,* etc.).	Laitues, chicorées, artichauts, etc.	Pomme de terre, tomate, aubergine, piment, etc.

9. *Espèces attaquées en dehors des cultures agricoles.*

Treilles des jardins. Lambrusques des haies et des bois.	Séneçons, laiterons et autres Composées.	Douce-amère des haies (*Solanum dulcamara*) et plusieurs plantes des jardins : *Anthocercis viscosa* de la Nouvelle-Hollande, d'après M. Berkeley; *Schizanthus Grahami*) du Chili, d'après MM. de Bary et Stahl. Ces deux plantes sont des Scrofularinées voisines des Solanées.

10. *Origine.*

Introduit par les vignes américaines en 1878 ou peu auparavant.	Indigène; il ne nuit sérieusement qu'aux cultures d'hiver.	Originaire du Chili; introduit sans doute un peu avant 1849, mais on ne sait rien de précis sur ce point.

» Dans les jardins botaniques, on peut citer des plantes qui depuis trente années montrent à chaque saison le même parasite. C'est en partie pour cette raison que, suivant un dicton bien connu des jardiniers, « les » plantes n'y veulent pas pousser devant leur étiquette ».

» La théorie chimique des assolements fait comprendre les bons effets de la rotation des cultures, mais on trouve dans la théorie des germes une explication reposant sur des considérations nouvelles, mais très utiles à enregistrer (¹).

(¹) J'ai indiqué, dans le *Bulletin de la Société botanique de France*, quelques observations de cette nature pour les jardins botaniques, à propos des Anémones (*Bulletin de la Société botanique de France*, séance du 25 juin 1880, p. 210) (*Peziza tuberosa* et *Sclerotium varium*), des *Helianthus*, Topinambours et grands Soleils (*ibid.*, séance du 9 juillet 1880, p. 263, et séance du 24 mai 1878, p. 181) (*Peziza Sclerotiorum* et *Scl. compactum*). La persistance de la même maladie à la même place est parfois remarquable. J'observe

» Y a-t-il un mycélium persistant dans les organes aériens de la vigne? Je le croyais en 1873 ([1]). La plante s'en débarrasse, en grande partie du moins, par la chute naturelle ou provoquée des feuilles, le Péronospora devenant lui-même la cause de son exclusion; la taille enlève les rameaux qui pourraient renfermer des mycéliums; elle doit retrancher exactement les parties demeurées herbacées, et surtout les pousses chétives et malingres développées tardivement sur le vieux bois ou sur les grands rameaux.

» 5. *Conditions naturelles qui le favorisent.* — Les temps humides et chauds favorisent le développement et la germination des conidies dans une proportion considérable. Comme pour l'*Oïdium*, il y aura, sans aucun doute, des différences annuelles très marquées, mais on ne peut compter sur les circonstances atmosphériques pour conserver la santé des vignobles.

» On n'a d'action que sur l'eau du sol, qui doit être assaini le plus possible.

» 6° *Conditions qui l'entravent.* — L'émission des conidies est retardée par la sécheresse extrême; la dissémination et la germination même se trouvent arrêtées; les rares spores développées peuvent se dessécher en chemin et mourir ou tout au moins germer plus difficilement sur les feuilles.

» 7° *Conditions qui détruisent le parasite.* — Pour le *P. gangliiformis*, la gelée peut détruire les feuilles attaquées et tuer ainsi d'un seul coup les pulvinules du champignon; ce moyen curatif n'est pas négligé par les maraî-

---

depuis plusieurs années, dans l'École de Botanique du Muséum, un *Uromyces* sur le *Gagea arvensis*, qui y existe sûrement depuis 1849.

Les plantes ornementales fourniraient des exemples analogues. On peut citer les Rosiers et leur *Oïdium*, les Caryophyllées et leur Puccinie, etc.; mais le fait le plus net est présenté par certaines plantes sauvages annuelles. Il y a des localités où ces plantes sont envahies chaque année par un parasite qui reparaît chaque année et se maintient sur une aire assez restreinte (*Veronica hederæfolia* et *Thecaphora Delastrina* Tul., Ustilaginée; *Stellaria media* et *Synchytrium Taraxaci* Fuck.).

La nécessité du changement de place pour se protéger contre la persistance des parasites est clairement indiquée par la culture du safran. Dans le Gâtinais, les tubercules, plantés et arrachés chaque année, ne sont jamais conservés plus de trois années consécutives dans le même endroit. Il faut ensuite attendre une période de dix-huit à vingt ans, constatée généralement par des actes authentiques, avant de planter à nouveau le safran. Cette période est destinée à laisser périr les Sclérotes du *Rhizoctonia Crocorum*, champignon parasite désigné sous le nom de *mort du safran*, qui se ramifie et se multiplie dans le sol.

([1]) *Recueil des Savants étrangers* (*loc. cit.*).

chers. L'abaissement de la température jusqu'au voisinage de la glace n'arrête cependant point la végétation du *Peronospora*, dont les conidies entrent en germination déjà à 1° au-dessus de zéro.

» Pour la vigne, les premières gelées produiront la chute immédiate des feuilles et termineront ainsi la période d'activité du parasite; il est probable que cette action se joint aux particularités de la plante pour empêcher le mycélium de subsister dans les rameaux.

» 8° *Espèces cultivées sujettes à la même maladie.* — Suivant les espèces diverses de végétaux cultivés on aura fréquemment des résultats différents. Comme on le verra plus loin en détail, quand seront examinées les particularités qu'ils présentent, il y a des différences individuelles entre les diverses variétés d'une même espèce (c'est la *réceptivité* des médecins); il faudra s'efforcer de s'en rendre compte et en appliquer les résultats utiles. L'épaisseur des parois cellulaires et l'activité végétative des espèces vigoureuses qui disputent leur propre substance au nouveau venu expliquent bien des faits de résistance à l'action envahissante du parasite.

» Les formes qui présentent une grande abondance de spores dormantes sont très dangereuses, à cause des germes qui peuvent se conserver pendant de longues années. Il faudra ne point oublier ces particularités.

» 6° *Plantes attaquées en dehors des espèces agricoles.* — La surveillance des cultures ne suffit pas; il est nécessaire, pour que cette surveillance ne soit pas illusoire, de surveiller également ou de détruire les végétaux dangereux qui peuvent contaminer les cultures. Cette prescription est importante, surtout dans le cas où les autres précautions auront été prises avec sévérité; il y a là un danger qu'il ne faut pas négliger de connaître et d'évaluer dans chaque cas.

» *Remarques.* — De cet examen, il ressort clairement que les essais en vue de s'opposer à l'extension du Péronospora de la vigne peuvent porter sur deux points, si notre dénombrement a été assez exact et notre examen suffisant :

» 1° *Traitement direct* sur les feuilles; ces recherches paraissent offrir assez peu de chances de succès.

» 2° *Traitement indirect;* suppression de l'ensemencement par les germes provenant des spores dormantes; cela paraît être le point capital, en supposant, comme je le pense, que le Péronospora n'est pas vivace dans la vigne.

» Si ces deux voies ne menaient à rien d'applicable, il faudrait chercher à utiliser d'autres particularités.

» Nous avons étudié jusqu'ici ces Péronosporas en général; essayons de traiter la question à un autre point de vue, en examinant les végétaux attaqués, pour tenter de trouver dans leur histoire une circonstance où le parasite sera le plus facile à vaincre, à affaiblir ou à éliminer ; mais restreignons notre examen à trois seulement des plantes qu'ils attaquent.

Différences entre les trois plantes principales attaquées par les trois Péronosporas.

Vigne.	Laitue.	Pomme de terre.
	I. — Particularités de l'organisation.	
	1. *Nature de la plante.*	
Ligneuse. Cultivée pour ses fruits, qui demeurent indemnes.	Herbacée. Cultivée pour ses feuilles, qui sont attaquées.	Herbacée. Cultivée pour ses tubercules, qui sont attaqués.
	2. *Durée de la plante.*	
Vivace.	Annuelle.	Tubercule nouveau se conservant d'une année à l'autre; tige et feuilles annuels.
	3. *Époque de la végétation.*	
Toute la saison, du printemps à l'automne.	Deux ou trois mois avant d'être utilisable; en toute saison, même l'hiver, sous châssis.	Une partie de la saison, suivant les variétés et l'époque de la plantation.
	4. *Feuillage.*	
Feuilles séparées, étalées, relativement fermes et coriaces, se désarticulant.	Feuilles imbriquées en un seul bourgeon, molles, très aqueuses, se desséchant sur place.	Une ou plusieurs tiges couvertes de feuilles découpées, molles, très aqueuses, se desséchant sur place.
	II. — Particularités de la culture.	
	5. *Plantation.*	
Elle se fait une fois pour toutes; greffe dans quelques cas.	On sème la graine chaque fois qu'on veut une plante.	On plante un tubercule ou une portion de tubercule.
	6. *Opérations culturales.*	
Taille de la vigne; on la supporte parfois par des échalas ou des fils de fer, etc.	On repique plusieurs fois.	On ne touche plus au tubercule une fois qu'il est planté.
	7. *Préparation du sol.*	
Façons multiples.	On prépare la terre.	On prépare la terre.

Vigne.	Laitue.	Pomme de terre.
	8. *Sarclages.*	
Sarclages.	Sarclages.	Sarclages.
	9. *Traitements divers.*	
Soufrage, emploi du sulfure de carbone ou du sulfocarbonat e.	»	»

I. — Particularités de l'organisation.

» Les conséquences sont les suivantes; elles ont été déjà, en grande partie, développées successivement plus haut.

» 1 et 2. *Nature et durée de la plante.* — Les plantes herbacées sont altérées dès qu'elles sont atteintes; si la tige est attaquée, la partie située au-dessus est gravement compromise. La vigne, comme les rares espèces ligneuses attaquées par les Péronosporées, présente des éléments de résistance. La laitue souffre forcément si la maladie est un peu générale, et elle peut être tuée; la pomme de terre peut être anéantie, mais, dans quelques cas, présenter des tubercules sains. Le cep de vigne présentera des fruits à maturation retardée jusqu'à demeurer verts, mais ils seront toujours sains, à ce qu'il semble. Le Péronospora paraît ainsi plus bénin que l'Oïdium, mais ce n'est qu'une apparence.

» 3. *Durée de la végétation.* — La vigne est vivace; mais, les feuilles une fois tombées, la plante paraît débarrassée de son parasite; dans tous les cas, le Péronospora n'a détruit encore aucun cep de vigne adulte.

» 4. *Feuillage.* — Il a déjà été question de la conclusion à tirer de la nature du feuillage pour tenter des traitements directs; la vigne présente d'ailleurs une particularité qu'on pourrait peut-être utiliser dans certains cas : la caducité des feuilles. On sait que, sous l'action de certaines causes d'affaiblissement, les feuilles peuvent se détacher et tomber; le champignon lui-même peut déterminer cet effet. N'y aurait-il pas à rechercher si, sous l'influence d'un traitement spécial et dosé avec soin, on ne parviendrait pas à fatiguer la plante dans une mesure telle que les feuilles déjà malades tombassent d'elles-mêmes?

» J'ai déjà indiqué ce moyen curatif [1] à propos du Meunier des laitues, en comparant l'effet déterminé ainsi à celui de la gelée :

---

[1] *Maladies des plantes déterminées par les Péronosporées* (*Comptes rendus*, séance du 9 décembre 1878). Voir aussi plus haut dans le présent Recueil.

« Il est probable que toute cause d'affaiblissement ou de fatigue produit le même effet; on est conduit à conseiller, pendant la culture, l'essai de solutions (sulfures alcalins ou solutions de principes nutritifs en excès) qui fatigueraient temporairement la plante. »

» A cela il faut cependant ajouter que les feuilles tombées devraient être recueillies (ou frappées de mort d'une manière quelconque) comme constituant un danger réel pour les organes restés sains; mais cela constituerait une opération très difficile.

» J'aurais été heureux d'entreprendre des expériences dans cette voie pour le *P. gangliiformis;* mais, malgré les tentatives que j'ai faites, les moyens matériels m'ont presque entièrement fait défaut.

II. — Particularités de la culture.

» 5. *Plantation.* — Pour la vigne, cette opération ne peut donner lieu à aucun résultat contre le Péronospora. Pour les autres plantes, le choix de la semence est des plus importants; il faut ne mettre en place que des tubercules rigoureusement sains, de jeunes plants de laitue absolument indemnes; les praticiens qui ne rattachent pas avec exactitude les effets à la cause directe, la décomposition du végétal à un mycélium presque invisible, sont tentés de négliger ces précautions absolument nécessaires.

» 6. *Opérations culturales.* — Le repiquage a pour effet de frapper de mort, comme je l'ai fait voir le premier (¹), les feuilles remplies de mycélium; la plante peut redevenir saine et le demeurer désormais, à condition que les feuilles flétries qui contiennent encore le mycélium du Péronospora vivant soient enlevées.

» Si le *P. viticola* demeurait sur la vigne, ce qui ne paraît pas se produire, la taille, qui est exécutée dans les premiers mois de l'année, l'enlèverait, comme on l'a dit plus haut; le danger de ce bois, demeurant ou non sur le sol, semble être négligeable après plusieurs mois, de mars à juin; la dessiccation en est assez rapide. On voit combien les cas particuliers introduisent de différences.

» 7. *Préparation du sol.* — La préparation du sol a souvent pour effet de mettre au jour les graines ou les spores enterrées jusqu'alors; l'effet pourrait

---

(¹) Voir *Comptes rendus*, 9 déc. 1878, *Maladie des plantes déterminées par les Péronosporées* et *Bull. de la Soc. bot. de France*, séance du 13 février 1880, à propos de la culture des oignons et de l'Ustilaginée qui les dévaste (*Urocystis Cepulæ*), p. 42; cet effet, si utile dans l'atténuation des maladies des plantes, est développé avec quelques détails. Voir aussi le Mémoire précédent.

en être très variable, suivant l'intervalle qui sépare la germination de ces oospores et l'état où se trouve la plante, c'est-à-dire suivant que les germes issus des oospores pourront ou non pénétrer dans la plante.

» C'est à cet instant que certains traitements, effectués pour les racines, pourraient être très utiles si leur action s'étendait jusqu'à la superficie du sol, sur les oospores en train de germer ou se disposant à germer; les oospores enfouies profondément et non en végétation présentent une résistance telle, qu'il faudrait sans doute des agents extrêmement énergiques pour les frapper de mort.

» Les traitements superficiels et spéciaux par des poudres ou des liquides sont d'ailleurs trop naturellement indiqués pour qu'il soit nécessaire d'y insister plus longuement.

» 8. *Sarclages.* — Les sarclages ont pour effet direct de supprimer les plantes sauvages qui dépensent inutilement les principes nutritifs du sol; mais il y a un effet indirect et dont le résultat est évident dans le cas de la maladie des laitues; nous retombons sur un cas étudié plus haut déjà. Les bons effets des sarclages s'expliquent également très bien à l'aide de la théorie des germes; l'alternance des générations chez les Urédinées connues fait voir l'influence désastreuse des Boraginées sur les céréales, etc., etc.

» 9. *Traitements divers.* — On est porté à fonder quelques espérances sur l'influence des traitements effectués déjà contre le Phylloxéra qui pourraient retentir à l'extérieur du sol et se faire sentir à la face inférieure des feuilles; mais cela ne pourra produire quelque effet que dans des cas spéciaux; il faut que le sol soit recouvert par le feuillage, comme dans l'Hérault, où les longs sarments de l'Aramon retombent sur la terre. Même dans ces cas, les feuilles supérieures seraient encore trop loin pour recevoir aucune action.

» La destruction des oospores dans le sol dont nous venons de dire un mot serait un résultat moins hypothétique. Parmi les effets déterminés par les traitements effectués contre le Phylloxéra, on peut citer le fait indiqué par M. Reich [1], de l'Armeillère, près d'Arles, dans la Camargue. Il dit avoir constaté que les vignes soumises à l'inondation n'ont pas présenté de Péronospora. Il est possible que l'ensemencement par la germination des oospores provenant des années précédentes n'ait pu avoir lieu : c'est une observation que les viticulteurs auront bien vite confirmée. Disons cependant que l'inondation ne préserve pas à coup sûr du Péronospora dans tous

[1] Cité dans la brochure de M. Lespiault : *Les vignes américaines dans le sud-ouest de la France* (Nérac, 1881, p. 73).

les cas. M. Planchon (1) a cité des exemples de vignes atteintes après avoir été inondées. L'époque de l'inondation serait peut-être à considérer : la grande quantité d'eau pendant la période chaude déterminerait peut-être une germination spéciale des oospores et les stériliserait ainsi; mais il faudrait avant tout bien connaître cette germination.

» Nous venons de passer en revue les particularités fournies par la plante et par sa culture; nous avons pu enregistrer quelques faits, comme la chute des feuilles après l'action d'un toxique énergique, l'influence des façons, la part que les traitements effectués contre le Phylloxera peuvent prendre dans la lutte nouvelle.

» Tout cela semble indiquer de plus en plus nettement que c'est l'ensemencement primordial qu'il faudrait empêcher pour arrêter le mal dans sa source, ou du moins que ce point mérite d'être étudié particulièrement.

RÉSUMÉ ET CONCLUSIONS.

» L'examen qui vient d'être fait montre quelles considérations doivent être invoquées et mises en balance quand on veut tenter méthodiquement des expériences. Sans aucun doute toutes les circonstances à peser mûrement n'ont pas été indiquées, mais on a pu voir de quelle manière il faudrait raisonner.

» Si nous nous reportons aux cas généraux traités en premier lieu, nous pouvons résumer les remarques faites successivement; ajoutons que ces remarques sont probablement incomplètes et théoriques : les praticiens en tireront le profit qu'ils pourront.

» Première méthode. — *Traitement direct* (voir p. 63).

» Le traitement direct peut être tenté plus efficacement pour la vigne que pour la pomme de terre et la laitue.

» Seconde méthode. — *Traitement indirect.*

» A. *Protection du végétal* par des abris, etc. (M. Neal d'Hamilton); ce moyen est inapplicable dans la grande culture.

» B. *Destruction des spores.*

» La destruction des oospores est nécessaire; il faut brûler tous les organes contaminés et caducs; en brûler les feuilles à l'automne, dès la vendange faite, ou les arroser d'eau bouillante, de liquides toxiques, etc., etc., dans le cas où l'on n'aurait pu le faire.

(1) *La Vigne américaine*, octobre 1880, p. 294 : « On le trouve aussi (le Péronospora) sur des Carignanes soumises à la submersion. »

» S'il reste des oospores sur le sol, un traitement effectué un peu avant leur germination les détruirait ou, s'il reste des oospores dans le sol, on pourrait retourner la terre pour les mettre à nu, les enterrer de nouveau après un commencement de germination, ce qui les supprimerait : c'est l'une des explications des bons effets déterminés par les labours successifs donnés aux terres. La suppression des végétaux qui germent et sont d'une manière précoce frappés de mort avant leur état adulte et séminifère se produit aussi bien pour les Cryptogames que pour les Phanérogames.

» Mais il paraît plus simple et plus aisé de tuer immédiatement toutes les générations de Péronosporas en détruisant les oospores.

» Cette destruction des spores dormantes entraîne une action commune dans tous les vignobles ; mais malgré cela, par une action locale, la maladie sera très notablement diminuée.

» Des prescriptions de même nature pourraient être appliquées d'une manière absolument générale à d'autres maladies des plantes. J'ai cru devoir les développer dans une Note présentée à l'Académie des Sciences ([1]), que je demande la permission de reproduire ici en la complétant un peu ; ce sera le complément des pages précédentes.

APPLICATIONS DE LA THÉORIE DES GERMES AUX CHAMPIGNONS PARASITES DES VÉGÉTAUX, ET SPÉCIALEMENT AUX MALADIES DE LA VIGNE.

» La théorie des germes, à laquelle M. Pasteur a attaché son nom, a une importance considérable en Agriculture, et, si les prescriptions qu'elle indique étaient suivies, les cultivateurs en retireraient d'incontestables avantages; plusieurs pratiques agricoles y trouvent un fondement scientifique; cette théorie se présente à nous et s'impose à propos des sujets les plus divers.

» Dans un très grand nombre de cas, les parasites végétaux qui attaquent les plantes de nos climats n'occupent pas définitivement la plante atteinte, mais ils sont confinés sur des organes, dont la plante peut être artificiellement ou naturellement dépouillée, recouvrant ainsi la santé.

» Dans les parties séparées du végétal, le parasite subsiste sans périr, mais il y est soumis pendant une période plus ou moins longue au hasard des saisons; il doit émettre des corps reproducteurs, qui, livrés aux caprices de l'atmosphère, auront à atteindre et à occuper de nouveau la plante d'où ils ont été exclus.

([1]) Séance du 13 décembre 1880.

» Ce fait se produit de façons diverses :

» A. Le mycélium ne meurt pas; il doit, soit passer l'hiver tel quel, soit s'accroître encore et donner naissance à des corps reproducteurs nouveaux ou semblables aux anciens.

» B. Le mycélium est mort après avoir donné des corps reproducteurs, qui bravent les conditions défavorables et n'entrent en végétation que dans la saison propice.

» On pourrait donner de nombreux exemples; mais on peut dire d'une manière générale que le premier groupe contient des Ascomycètes, le second les Urédinées, Ustilaginées, Péronosporées, Chytridinées, Myxomycètes et aussi quelques Ascomycètes.

» Il y a une conséquence pratique à tirer des faits qui précèdent.

» A. On peut placer les parties caduques dans des conditions telles, que le parasite n'y continue pas à vivre; on supprime ainsi l'ensemencement des spores au retour de la saison végétative. Dans plusieurs cas, la dessiccation prolongée seule pourrait suffire jusqu'au jour où, l'époque de l'évolution dépassée, le parasite ne peut plus s'accroître et meurt naturellement; exemple : Phacidiées (*Rhytisma acerinum*), Dothidéacées (*Polystigma rubrum*) ([1]), la plupart des Septoriacées, etc.; il faudrait donner de longs détails que cette Note ne comporte pas.

» On peut utiliser les feuilles malades (ou toutes les feuilles sans les trier) à la nourriture des bestiaux, les employer pour les litières, pour la confection de composts, etc.; mais on doit les traiter de telle sorte que, quand revient la saison de leur végétation, les spores ne puissent se disséminer; on les accumulera dans des fosses spéciales, on les recouvrira de terre et on pourra plus tard répandre ces débris sur les cultures.

» Quand le parasite se montre sur les rameaux, qui ne sont pas naturellement caducs comme les feuilles, on peut les retrancher, et ces parties coupées pourront être traitées comme il vient d'être dit.

» Les Urédinées (ou rouilles), les Ustilaginées (ou charbons) et les Péronosporées sont assez connues pour qu'il soit inutile d'en passer en revue les nombreuses espèces; les Chytridinées n'ont jusqu'ici qu'une valeur théorique (*Synchytrium*) et n'atteignent que des plantes sans intérêt; parmi les Myxomycètes se range le *Plasmatiophora Brassicæ*, espèce décrite par M. Woronine ([2]), qui détermine une redoutable maladie chez les Cru-

([1]) *Comptes rendus*, séance du 22 juillet 1877.

([2]) *Jahrbuch. f. Wiss. Bot.*, 1878, 5 pl.

cifères. Cette affection paraît fort généralisée dans l'Angleterre proprement dite, où j'ai eu occasion de l'observer au mois d'octobre 1880. En Écosse, on a commencé à s'en émouvoir vers cette éqoque. Mon ami, M. Mer, m'a adressé en 1878 des échantillons de choux cabus qui languissaient : ils présentaient une maladie spéciale où j'ai reconnu le *Plasmatiophora ;* ce sont les premiers échantillons signalés en France, et j'ai eu le plaisir d'en communiquer quelques coupes minces à M. Duchartre; M. H. Vilmorin en reçut depuis, l'année suivante, et m'en fit envoyer d'autres provenant de la région de l'Est; l'envahissement paraît s'avancer successivement de la Russie jusqu'à nous. Cette maladie est encore inconnue autour de Paris (il ne faut pas la confondre avec des galles d'insectes); un jour ou l'autre l'Agriculture aura à compter avec elle et il faudra appliquer aux Crucifères des raisonnements analogues à ceux qui ont été développés plus haut à propos des Laitues et des Vignes.

» Parmi les Ascomycètes à organes durables, on peut citer les espèces munies de sclérotes, la maladie des Topinambours (*Peziza sclerotiorum*) l'ergot des Graminées (*Claviceps purpurea*). Les spores et les mycéliums à membrane épaisse pourraient, dans certains cas, se conserver pendant longtemps.

» B. Les autres espèces de parasites ne permettent point des pratiques semblables; on ne saurait sans danger les employer à la nourriture des bestiaux, à la confection des composts et des litières. La digestion, la putréfaction des tissus ne frappent point de mort les spores dormantes, qui conservent intactes leur propriété germinative. Après un enfouissement prolongé, ces spores donnent aisément de nouveaux germes; on ne peut donc sans imprudence utiliser les débris provenant des végétaux malades ([1]). Il faut détruire ces débris par l'action du feu. C'est une mauvaise économie que d'employer pour les étables les pailles couvertes de rouille; c'est mal comprendre ses intérêts que de faire consommer aux animaux les grains cariés ou charbonneux, les choux couverts de *Cystopus*, les fanes de pomme de terre péronosporées; les fumiers qui en proviennent peuvent contaminer au loin les cultures : j'en ai observé des exemples ([2]).

» Il faudrait un grand nombre de détails pour développer les conséquences spéciales à chaque groupe de plantes : si l'on ne considère que la vigne, on a affaire à un cas particulier et curieux.

([1]) Voir *Comptes rendus*, séances du 9 décembre 1878 et du 12 juillet 1880.

([2]) *Loc. cit.*, 12 juillet 1880.

» La vigne est attaquée par trois parasites principaux appartenant au règne végétal, et déterminant trois maladies.

» L'oïdium et l'anthracnose n'ont pas de spores dormantes; leur présence n'empêcherait pas d'utiliser les débris des plantes. Mais ces deux parasites demeurent sur les rameaux; il convient donc, pour s'en rendre maître, de supprimer la réinvasion par des spores venues de la plante elle-même. On devra donc enlever les parties malades : pour l'oïdium, le bois taché; pour l'anthracnose, les parties cariées. Il conviendra, en outre, de badigeonner les parties aériennes *de l'année* avec des produits sulfureux, par exemple des sulfocarbonates, ou de les flamber, pour tuer les mycéliums encore vivants.

» Étendu à la totalité du cep, ce traitement aurait l'avantage de détruire, à la fois, l'œuf d'hiver du Phylloxéra et la Pyrale; ce dernier insecte exige souvent une opération spéciale dans le Midi et dans l'Est.

» Les feuilles, les rameaux détachés par la taille, peuvent contaminer les vignes si on les abandonne sur le sol, à l'humidité, dans des conditions où les parasites (oïdium, anthracnose) peuvent continuer leur évolution; il faut donc les recueillir et les emporter loin des cultures.

» L'existence du *Peronospora viticola* commande de les *brûler*; les cendres pourraient alors être utilisées comme amendements. En les détruisant ainsi, on empêchera la réapparition des germes dans une proportion considérable; la préservation sera efficace surtout si l'on prend quelques précautions pendant les premières années; il ne faut pas laisser les spores dormantes s'accumuler dans le sol : le mal serait bien plus difficile à combattre; ce soin se recommande surtout aux viticulteurs possesseurs de plants fins et délicats (Médoc) ou aux producteurs de raisins de choix (Thomery, Fontainebleau). »

PLANCHE I.

Peronospora viticola (Berk. et Curtis) de Bary. — Les échantillons ont été recueillis à Banyuls (Pyrénées-Orientales) ou à Porte-Bou, sur le versant espagnol des Pyrénées, et les dessins exécutés sur le vivant immédiatement après la récolte, à la chambre claire (gr. = $\frac{250}{1}$). La *fig.* 7 seule a été copiée.

Fig. 1. — Groupe de filaments sporifères sortant par l'ouverture d'un stomate; les spores ou conidies sont encore adhérentes sur l'un d'eux, *a*; elles ne sont pas encore mûres; elles sont partiellement détachées sur le filament *b*.

c, *d*, filaments ayant laissé tomber leurs spores et présentant plusieurs cloisons qui sont épaisses et comme mucilagineuses, mal rendues ici; *d* en présente deux, *c* en présente trois.

Fig. 2. — Filament très court, portant des spores non mûres, mais relativement énormes; il est accompagné d'un très court filament *f*.

Fig. 3. — Conidies détachées et maintenues dans l'eau depuis une demi-heure: *a*, dimension moyenne; *b*, conidie très petite; *c*, conidie très grosse.

Fig. 4. — Filament un peu flexueux, sortant par un stomate et montrant la formation simultanée des conidies.

Fig. 5 et 6. — Filaments ayant perdu leurs spores. 5 est accompagné de filaments rampants et s'est très peu ramifié; il ne possède qu'une seule cloison.

6 présente deux cloisons.

Fig. 7. — Mécanisme de l'émission de la conidie.

a, conidie incomplètement mûre appartenant à un filament dans l'état de *b* (*fig.* 1), grosseur de $\frac{800}{1}$ environ.

b, base de la même conidie montrant, à un grossissement double, l'extrémité du stérigmate et la cloison.

c, apparition du disque intermédiaire; la cloison se gonfle du côté opposé à la spore.

d, extrémité du stérigmate après la chute de la conidie.

e, modification ultérieure de l'extrémité commençant à se produire.

Fig 8. — Groupe de filaments sporifères demeurés rampants et devenus flexueux; ils ont été préparés en pratiquant une coupe tangentielle de la feuille qui a détaché une partie de l'épiderme de la face inférieure de la feuille.

Au centre on voit un groupe de corps renflés et toruleux qui ressemblent à des spores, et sur les côtés on voit des filaments plus allongés, rampants, ramifiés, dont l'un *n* se dispose plus manifestement que les autres à émettre une spore.

Fig. 9, 10 et 11. — Groupes semblables obtenus au moyen de coupes transversales de la feuille; on voit facilement ainsi que ce ne sont pas des spores tombées qui adhèrent mécaniquement, mais bien des rameaux renflés du mycélium situé en ce point et en relation avec les stomates de la feuille.

Fig. 9. — *a*, court stipe sporifère, accompagné de parties renflées qui ne sont pas des spores, car elles portent des stérigmates.

b, groupe important de filaments renflés.

c, renflement portant une spore.

d, autre groupe de trois renflements : celui du centre porte deux stérigmates, ainsi que cela a lieu souvent.

Fig. 10. — Groupe semblable aux précédents.

α, β, filaments rampants.

γ, renflements à côté desquels s'élève un stipe dressé.

Fig. 11. — Groupe plus important.

λ, filaments noueux et renflés.

μ, stérigmates effilés.

ν, parties rameuses et rampantes.

PLANCHE II.

Feuilles d'âges différents, assez fortement attaquées par le Péronospora.

Elles ont été recueillies par un temps très sec et ont été dessinées après une nuit de séjour dans la boîte métallique; elles se sont couvertes alors de pulvinules blancs *p* de Péronospora.

Fig. 1. — La feuille est verte, en partie tachée de brun; cet état est intermédiaire entre les stades 1° et 2° décrits dans le texte.

Fig. 2. — Feuille plus âgée que la précédente, située bien plus bas sur le sarment; cet état est intermédiaire entre les stades 3° et 4° du texte.

PLANCHE III.

Feuille de vigne attaquée par le Péronospora; *fig.* 1, face supérieure; *fig.* 2, face inférieure montrant la différence d'aspect; la face supérieure porte des taches brunes qui ne sont pas visibles sur l'autre.

Fig. 1. — On voit en *o* un effet spécial dû à l'Oïdium, qui détermine une sorte de pointillé noir très fin ou de brunissement estompé; il y en a de même aussi sur l'autre face, en des points différents des premiers.

Cet effet est fort distinct des taches brunes et nettes dues au Péronospora, visibles surtout dans la partie gauche de la figure.

Fig. 2. — *o*, même signification que dans la figure précédente.

Le long de la nervure médiane se remarquent des taches V, d'un vert plus foncé que le tissu de la feuille et qui sont cependant peu visibles dans la figure; le Péronospora est contenu dans ces taches, à l'état de mycélium; il fructifie au dehors quand ces feuilles se trouvent dans une atmosphère humide, sur les taches brunes et surtout sur les taches vertes.

PLANCHE IV.

Altérations déterminées par l'Oïdium et le Péronospora de la vigne; spores dormantes (gr. $=\frac{250}{1}$).

Fig. 1-3. — Altérations dues à l'Oïdium (Banuyls-sur-Mer, novembre 1880).

Fig. 1. — Coupe transversale de feuille.
F, faisceau vasculaire correspondant à une très petite nervure.
st, stomate coupé longitudinalement.
ch, chambre stomatique.
p, cellules en palissade caractérisant la face supérieure de la feuille.
e, *e'*, épiderme; en *e* les cellules épidermiques ont été tuées et brunies par l'action du champignon.

Fig. 2-3. — Peau d'un grain de raisin.

Fig. 2. — Coupe tangentielle de la surface du grain.
n, noyau des cellules.
b', parties brunies.

Fig. 3. — Coupe transversale.
b, cellule brunie.
b', cellules voisines des parties brunies.

Fig. 4-5. — Taches déterminées par le Péronospora.

Fig. 4. — Coupe transversale d'une tache; la coupe passe par la partie encore verte V et par une partie complètement noire.
p, cellules en palissade caractérisant la face supérieure et fortement brunies.
F, faisceau appartenant à une petite nervure coupée transversalement.
F', faisceau plus gros coupé obliquement.
Çà et là, par les stomates *st* de la face inférieure, sortent des filaments de Péronospora. (Voir pour l'explication de cette apparence les *fig.* 9-11 de la *Pl. I.*)

Fig. 5. — Coupe semblable à la précédente; les mêmes lettres ont la même signification; mais on remarquera la différence du diamètre des éléments, observés cependant *avec le même grossissement.*

Ici la tache est bien moins avancée; on voit nettement qu'elle procède par la couche en palissade, opposée cependant à la face par laquelle sortent les filaments.
st, stomate coupé longitudinalement.
ch, chambre stomatique.
s't', stomate coupé transversalement.
R, R', groupes de cristaux d'oxalate de chaux, fréquents dans les organes de la vigne

(aussi bien que les Raphides) et qui présentent qu'une grossière analogie de forme et d'apparence avec les spores dormantes du Péronospora.

N, N', cellules qui s'appuient sur le faisceau et rejoignent l'épiderme; dans les nervures un peu importantes elles sont incolores et sans méats, ce qui oppose une barrière au cheminement du Péronospora.

Ici, la partie N correspondant à la face inférieure seule est dépourvue de méats.

Fig. 6. — Filament de *Peronospora viticola* pris dans une coupe semblable à la précédente, mais clarifiée par l'emploi des réactifs; les filaments sont irréguliers, parce qu'ils rampent entre les cellules.

h, suçoirs vésiculeux, nombreux, mais petits et difficiles à voir.

Fig. 7 et 8. — Spores dormantes du *Peronospora viticola* d'après des échantillons recueillis en Amérique par mon ami M. le Dr Farlow et communiqués par lui.

Fig. 7. — Oospores à l'état naturel; elles ont une membrane ε assez épaisse, brun pâle, munie de crêtes irrégulières, et une membrane interne *i*, visible dans quelques cas.

Fig. 8. — Oospores identiques, mais traitées par la potasse bouillante, qui a séparé la membrane en deux couches distinctes.

Fig. 9. — *Peronospora Schleideniana* sur l'oignon ordinaire. Oospores.

λ, incomplètement mûre.

μ, presque mûre.

o, oogone.

ω, spore dormante.

a, anthéridie.

Fig. 10. — Spores dormantes du *Peronospora Papaveris* disposées en file, entre les cellules de la partie corticale de la tige.

Mêmes lettres que précédemment; ici le contenu se sépare en un gros globule oléagineux qui occupe presque toute la cavité; la membrane semble n'avoir qu'une seule couche; elle est épaisse, brune, à contour anguleux et irrégulier.

PLANCHE V.

Fig. 1-4. — *Phytophthora infestans* de Bary, champignon qui détermine la maladie des pommes de terre.

Fig. 1. — Filaments très jeunes s'échappant par un stomate *st*; ils ont déjà émis leurs spores; sur l'un d'eux, se voit le renflement R : c'est le premier effet de l'allongement déterminé, pour la formation d'une nouvelle spore, par la pression du plasma interne. Cette pression fait céder la cloison qui isolait du reste du filament la spore tombée déjà; la paroi se gonfle aux points où elle est récemment formée et mince, et s'allonge en un filament qui se terminera par une spore nouvelle.

Fig. 2. — Filament beaucoup plus grand et plus âgé.

α, rameau portant trois renflements R_1, R_2, R_3, le dernier R_3 très réduit encore.

β, rameau ne présentant que deux renflements.

γ, rameau présentant deux renflements, mais portant une spore non détachée encore.

δ, rameau terminal ne présentant qu'un seul et unique renflement.

Fig. 3. — Extrémité d'un filament très long, dont les rameaux portent deux spores.

Fig. 4. — Spores (qu'on peut nommer aussi *conidies* ou *zoosporanges*) détachées; elles sont munies d'une papille *p* et d'un petit prolongement *s*, extrémité du stérigmate; leur taille et leur diamètre varient considérablement.

Fig. 5 et 6. — *Pythium vexans* de Bary (gr. $= \frac{320}{1}$). Oospores reçues de M. le Rév. J.-E. Vize; ce sont précisément les corpuscules décrits par M. W.-G. Smith, trouvés par lui dans la pomme de terre et pris pour le *Phytophthora*.

Fig. 5. — Oospores dans leur oogone ridé et plissé.

Fig. 6. — Oospores libres, à membrane épaisse et chagrinée; elles sont parfaitement sphériques; il ne faut pas confondre avec ces ornements la paroi de l'oogone diffluente et prête à se détruire.

Fig. 7 et 9. — *Artotrogus hydnosporus* Mont., dessiné d'après des échantillons authentiques tirés de son herbier, qui a été considéré comme la fructification sexuée (gr. = 500) du *Phytophthora*. Il y a des productions de deux natures.

Fig. 7. — Oogone (?) muni d'un appendice *t* qui se trouve parfois en des points divers; peut-être n'est-ce qu'une portion du filament primitivement cylindrique.

Fig. 8. — Organe de même nature, mais bien plus jeune sans doute; développé d'une manière nettement intercalaire; *p*, sorte de papille (?).

Fig. 9. — Oospore non attachée à un filament, mais contenue dans un oogone échinulé; il y a généralement tout autour des débris d'envoloppes, que M. de Bary a reconnus appartenir à la pomme de terre et non au champignon. C'est l'oospore du *Pythium artotragus* de Bary.

Je n'ai observé aucune transition entre cette spore et la formation précédente. La membrane est fort épaisse.

e, membrane échinulée de l'oogone.

i, membrane de l'oospore qui peut être plus ou moins écartée de la précédente.

Fig. 10. — *Artotrogus* (?) sur les organes souterrains du *Brassica Napus*, d'après des échantillons authentiques de l'herbier Montagne; cette espèce n'a aucun rapport avec la précédente, dont elle diffère même génériquement (gr. $= \frac{500}{1}$).

Fig. 11. — *Cystosiphon pythioides* Roze et Cornu. Fructification sexuée.

o, *o'*, oogones, fécondés chacun par une anthéridie *a*, *a'*.

ω, ω', oospores résultant de la fécondation; ω' est plus âgé que ω. Comparer l'oogone *o* à l'organe de la *fig.* 8 et *o'* à celui de la *fig.* 7.

t, portion terminale du filament primitivement cylindrique, qui est comprise dans l'oogone *o'* (gr. $= \frac{500}{1}$).

Fig. 12-16. — *Basidiophora entospora*, Roze et Cornu. Parasite d'une plante originaire de l'Amérique du Nord (*Erigeron canadense*) (gr. $= \frac{300}{1}$ environ).

Fig. 12. — Filament sorti par un stomate et couronné de spores.

Fig. 13. — Filament après la chute des spores.

Fig. 14. — Spores (conidies ou zoosporanges).
α, spore libre montrant sa papille terminale *p*.
σ, portion du stérigmate par lequel elle adhérait au filament.
β, spore dans laquelle la formation des zoospores s'est produite par la division du contenu.
z, zoospores sortant par l'ouverture laissée par la papille; deux autres zoospores s'agitent dans l'intérieur.

Fig. 15. — Zoospores.
a, pendant l'activité du mouvement.
b, elles commencent à ralentir leur marche.

Fig. 16. — Zoospores en germination.
c, après seize heures.
d, après deux jours et demi.

Fig. 17. — Fructification sexuée.
o, oogone.
ω, oospore.
a, anthéridie ayant servi à féconder l'oogone.

Fig. 18. — *Cystopus candidus*, rouille blanche des Crucifères; *sp*, spores libres. Elles naissent successivement par la segmentation de la base renflée du filament sporifère. La cloison s'étrangle de plus en plus; il en résulte la disposition en chapelet; la spore terminale est la plus âgée. La paroi des filaments est très épaisse, mais elle n'est un peu dense qu'à la partie extérieure; la cavité est très étroite. Ces spores donnent, comme celles du *Basidiophora*, des zoospores par leur germination dans l'eau.

BIBLIOTHÈQUE NATIONALE BN IMPRIMÉS

TABLE DES MATIÈRES

DU MÉMOIRE SUR LES PÉRONOSPORÉES.

II. LE PÉRONOSPORA DES VIGNES [*Peronospora viticola* (Berk. et Curt.) de By.]

BIBLIOTHÈQUE NATIONALE RF

GAUTHIER-VILLARS, IMPRIMEUR-LIBRAIRE DES COMPTES RENDUS DES SÉANCES DE L'ACADÉMIE DES SCIENCES.
8170 Paris. — Quai des Augustins, 55.

PL. 1.

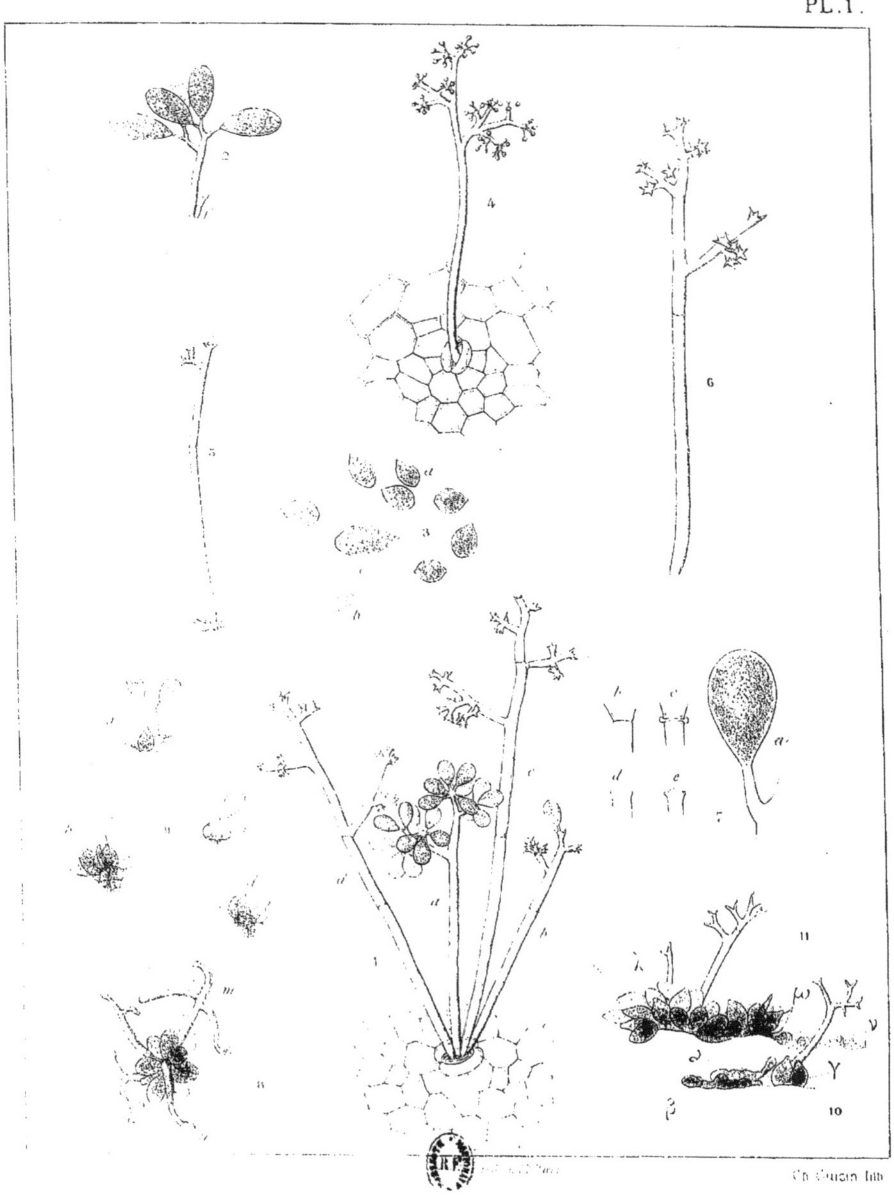

Ch. Cuisin lith.

Pl. II

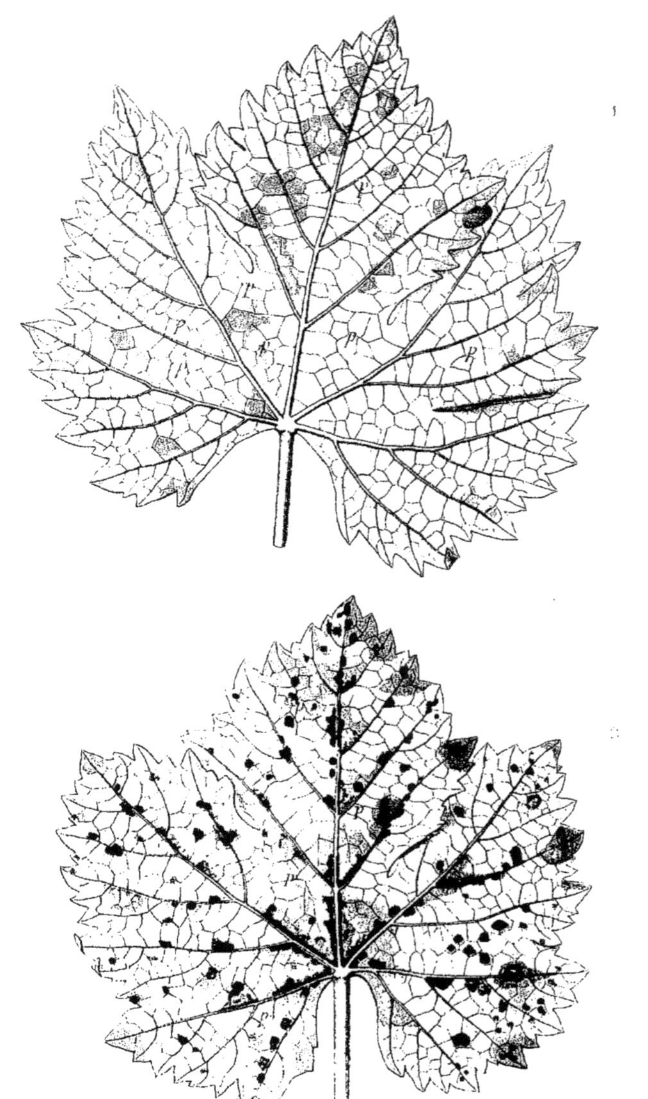

PL. III

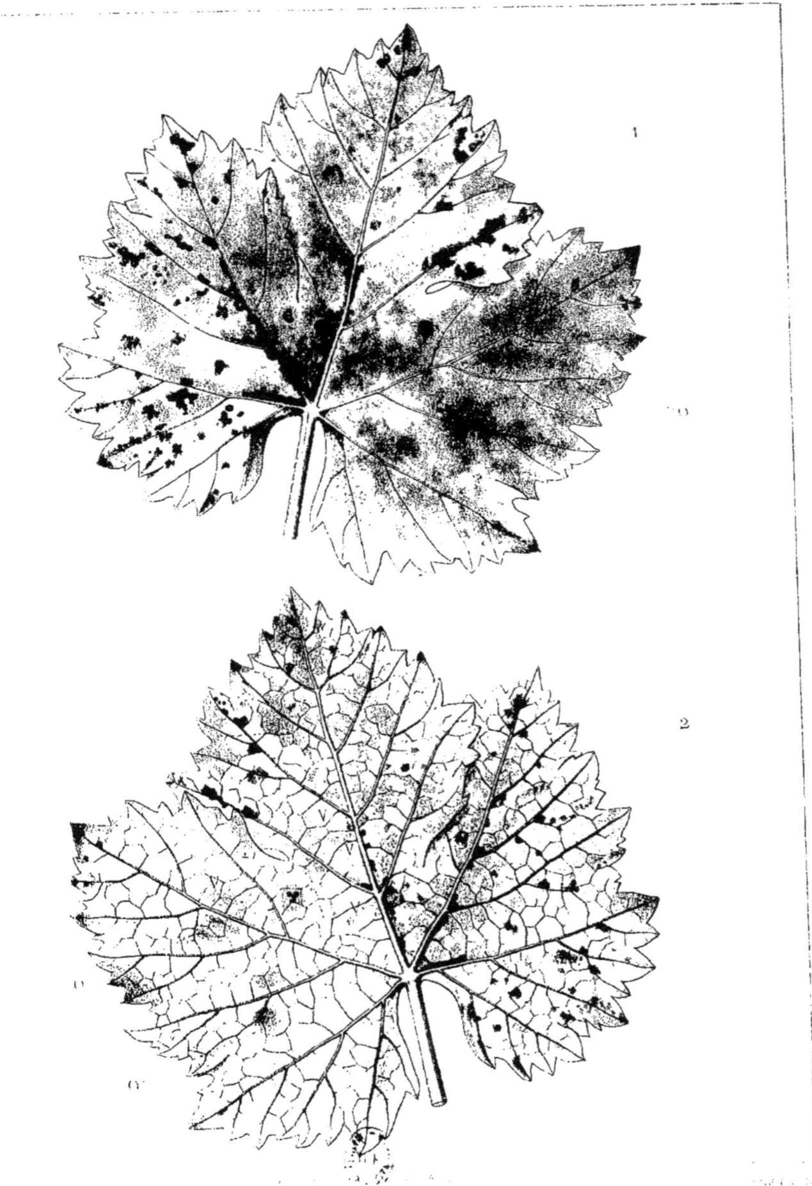

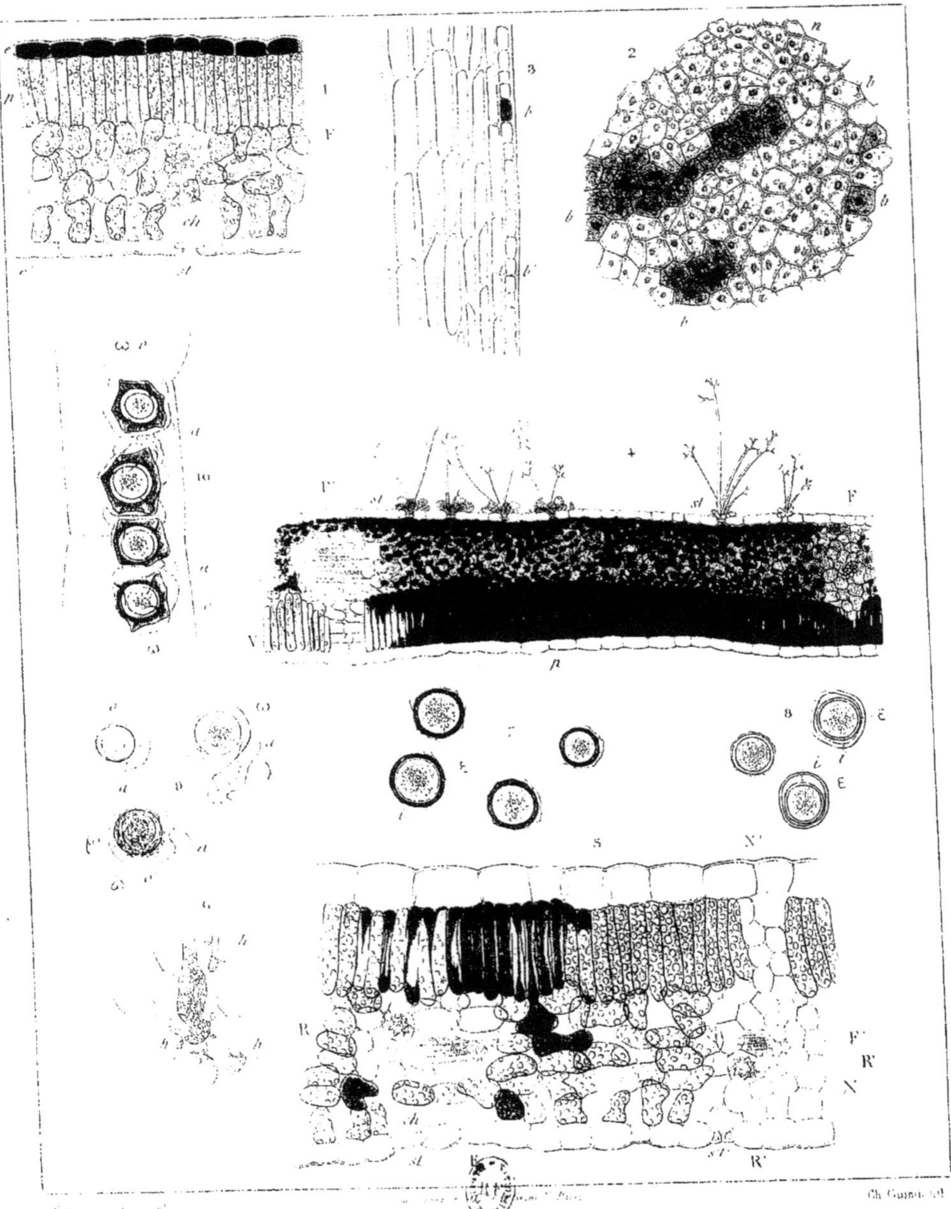

Ch. Cuisin del.

[illegible] SUR LA VIGNE
[illegible] Peronospora
[illegible]

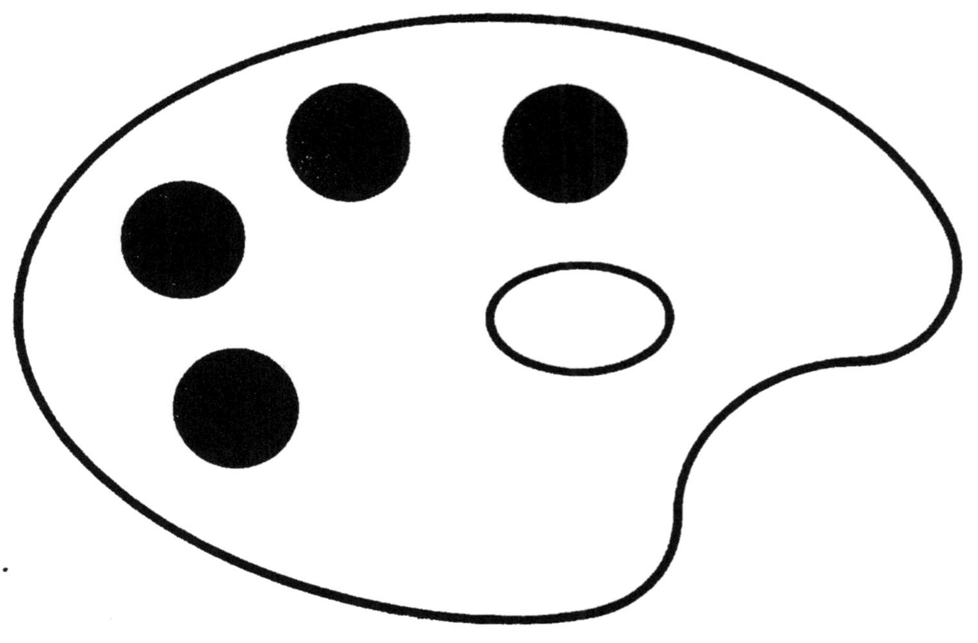

Original en couleur
NF Z 43-120-8

Pl. V.

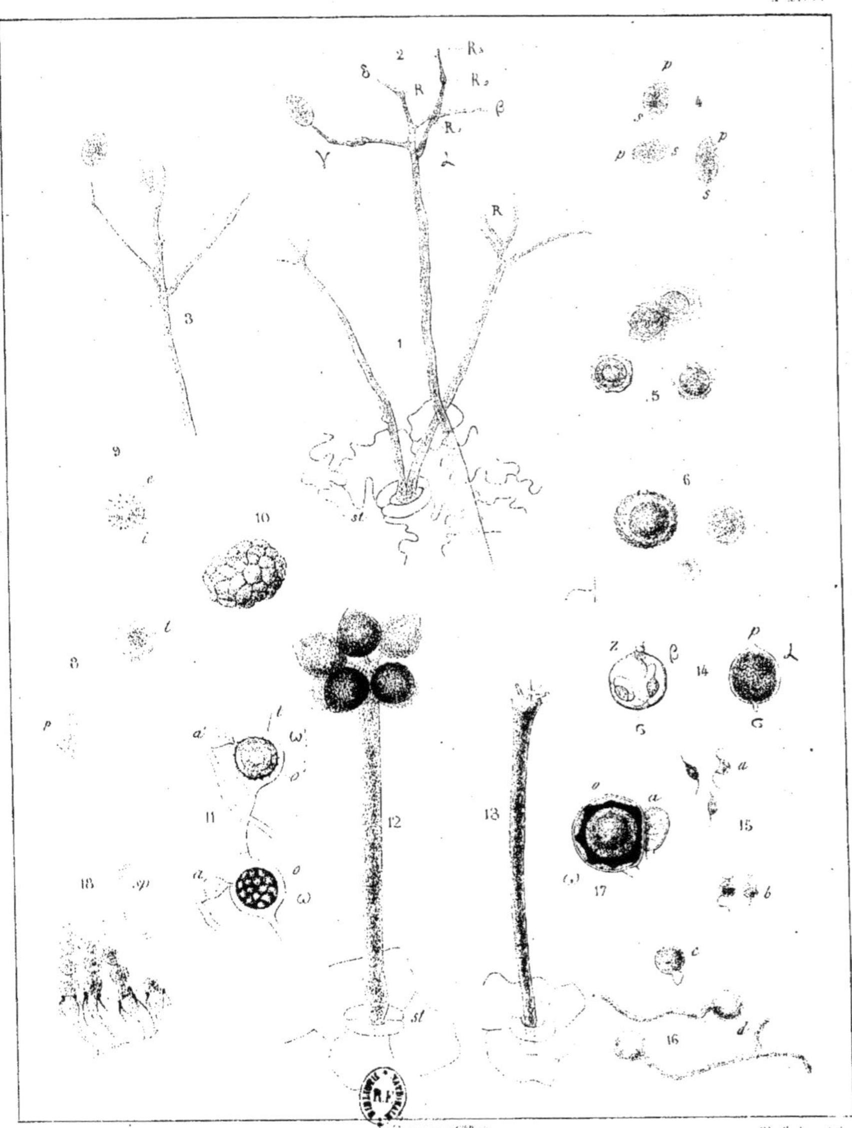

Maxime Cornu del. — Imp. Lemercier et Cie Paris — Ch. Cuisin lith.

PÉRONOSPORA DE LA POMME DE TERRE

(*Phytophthora infestans*). Artotrogus et Péronosporées diverses.

OBSERVATIONS

SUR

LE PHYLLOXERA

ET SUR

LES PARASITAIRES DE LA VIGNE.

4° S
553

www.ingramcontent.com/pod-product-compliance
Ingram Content Group UK Ltd.
Pitfield, Milton Keynes, MK11 3LW, UK
UKHW020356230726
13925UKWH00003B/1142

9 782013 396196